人工智能伦理译丛

译丛主编 杜严勇

智识塔

[丹] 格里·哈塞尔巴赫◎著

毛延生 王晓将◎译

权力的数据伦理学：大数据与人工智能时代的人本方法新解

上海交通大学出版社
SHANGHAI JIAO TONG UNIVERSITY PRESS

内容提要

本书对权力与大数据和人工智能之间的关系进行了分析。其中，重点对具有人工智能能力的大数据社会技术基础设施的历史脉络和特征进行了描述，并探究了针对人类的分布式伦理能动性与人工智能的道德能动性之间的关系，以及塑造这些基础设施的开发者、科学家、立法者与使用者的实践文化系统。

上海市版权局著作权合同登记号：图字：09-2023-099

图书在版编目(CIP)数据

权力的数据伦理学：大数据与人工智能时代的人本方法新解 /(丹)格里·哈塞尔巴赫著；毛延生，王晓将译. -- 上海：上海交通大学出版社，2024. 6 -- (人工智能伦理译丛 /杜严勇主编). -- ISBN 978-7-313-31033-0

Ⅰ. B82-057

中国国家版本馆 CIP 数据核字第 20249HF574 号

权力的数据伦理学：大数据与人工智能时代的人本方法新解

QUANLI DE SHUJU LUNLIXUE：

DASHUJU YU RENGONGZHINENG SHIDAI DE RENBEN FANGFA XINJIE

译丛主编：杜严勇		著　者：[丹]格里·哈塞尔巴赫	
译　者：毛延生　王晓将			
出版发行：上海交通大学出版社		地　址：上海市番禺路 951 号	
邮政编码：200030		电　话：021-64071208	
印　制：上海锦佳印刷有限公司		经　销：全国新华书店	
开　本：710 mm×1000 mm　1/16		印　张：16.5	
字　数：212 千字			
版　次：2024 年 6 月第 1 版		印　次：2024 年 6 月第 1 次印刷	
书　号：ISBN 978-7-313-31033-0			
定　价：68.00 元			

版权所有　侵权必究

告读者：如发现本书有印装质量问题请与印刷厂质量科联系

联系电话：021-56401314

译丛前言 | Foreword

关于人工智能伦理研究的重要性，似乎不需要再多费笔墨了，现在的问题是如何分析并解决现实与将来的伦理问题。虽然这个话题目前是学术界与社会公众关注的焦点之一，但由于具体的伦理问题受到普遍关注的时间并不长，理论研究与社会宣传都有很多工作需要开展。同时，伦理问题对文化环境的高度依赖性，以及人工智能技术的发展与应用的不确定性等多种因素，又进一步增强了问题的复杂性。

为了进一步做好人工智能伦理研究与宣传工作，引进与翻译一些代表性的学术著作显然是必要的。我们只有站在巨人的肩上，才能看得更远。因此，我们组织翻译了一批较新的且具有一定代表性的人工智能伦理著作，组成"人工智能伦理译丛"出版。本丛书的原著作者都是西方学者，他们很自然地从西方文化与西方人的思维方式出发来探讨人工智能伦理问题，其中哪些思想值得我们参考借鉴，哪些需要批判质疑，相信读者会给出自己公正的评判。

感谢本丛书翻译团队的各位老师。学术翻译是一项费心费力的工作，从事过这方面工作的老师都知道个中滋味。特别感谢哈尔滨工程大学外国语学院的毛延生教授、周薇薇副教授团队，他们专业的水平以及对学术翻译的热情令人敬佩。

上海交通大学出版社对本丛书的出版给予大力支持，特别是崔霞老师、蔡丹丹老师、马丽娟老师等对丛书的出版做了大量艰苦细致的工作，令我深受感动。上海交通大学出版社的编辑团队对丛书的译稿进行了专业的润色修改，使丛书在保证原有的学术内容的同时，又极大地增强了通俗性与可读性，这是我完全赞同的。

本批著作共五本，是"人工智能伦理译丛"的第一辑。目前，我们已经着手进行第二辑著作的选择与翻译工作，敬请期待。恳请各位专家、读者对本丛书各方面的工作提出宝贵意见，帮助我们把这套书做得更好。

本丛书是 2020 年国家社科基金重大项目"人工智能伦理风险防范研究"（项目编号：20&ZD041）的阶段性成果。本丛书获得中央高校基本科研业务费专项资金资助，特此致谢！

杜严勇

2022 年 12 月

前　言｜Foreword

许多年前，也就是在 21 世纪之初，我曾从事儿童与青年在线技术使用的前沿研究。那个时候，成年人主要将互联网视为使用电子邮件、进行基本搜索以及获取时事新闻的信息平台。与之相比，年轻一代则很快就把互联网提供的机会为我所驭，用于自我表达与社交往来，使之成为自身日常生活在虚拟世界中的延伸。这个于年轻人看来可以驾轻就熟的在线虚拟世界，在成年人看来则显得遥不可及、难以理解并且隐秘难知。这段时间也是在线隐私运动开始流行的萌芽时期。尽管自 20 世纪 90 年代万维网问世以来，隐私运动主要存在于技术活动家群体当中，可实际上公众对于这一问题日渐关注。我们认为，在线隐私是公民需要为自身争取的一种权力，我们可以通过使用隐私增强技术来保护自己免受国家抑或商业追踪（监视）的侵害。然而，有一次我突然意识到——仅靠教育来提高互联网用户的隐私意识还远远不够。我开始特别担心：年轻人企图通过远离成年人的窥探来获得"自由"的经历实际上只是其他更隐蔽的当权者（如社交媒体技术巨头）操控的另一种形式罢了。最让我担心的是：这些当权者无处不在——在我们的各种活动或会议、公共咨询以及政策倡议中都有他们的身影，仿佛他们为互联网发展制定的商业设计与模式就是唯一可能的出路。因此，受到早期业内批判性声音的启发，我开始关注上述公共服务的相关设计与商业模式的可能替代方案。

一直以来，社会活动家们都致力于将人权问题纳入世界信息社会峰会（WSIS）和联合国互联网治理论坛（IGF）等官方互联网治理议程当中。然而直到 2013 年，联合国大会才最终确认人在线下现实世界享有的权利同样也必须在线上虚拟世界得到保护(联合国,2013)。即便如此,在商业与公共话语当中,网络人权也并没有得以扎根和落实。人权相关的考虑(如对隐私权和数据保护的关注)常常在公共话语中被描述为数字创新的障碍,抑或妨碍社会数字化进程的陈规陋习。显而易见,互联网发展的商业与技术文化正在阻遏催生更具伦理反思性与建设性的辩论。因此在 2014 年,我在联合国互联网治理论坛上成立了"全球隐私创新网络",旨在将产业精英、人权倡导者和技术企业家集聚一堂,共同探讨隐私的机遇潜质而非障碍属性。

当时,数据伦理学尚不是一个人尽皆知的术语,因为那时数据技术与商业的伦理影响尚在公众讨论当中,并无定论。即便有点讨论的话,实际也仅仅涉及隐私问题而已,可谓点到为止。因此,对于一个孤军奋战的隐私倡导者来说,要走进社交媒体与数字化社会的公共研讨仍然是举步维艰的——那时,在线商务相关的人权问题是一个活跃的议题,与大数据创新以及在线业务发展的干扰因素等议题有所区别。

2015 年,我离开了丹麦媒体委员会,此前我在致力于青少年互联网与新技术使用研究的欧盟意识中心工作了 10 年。我与前记者佩妮莱·特兰贝里(Pernille Tranberg)一起,开始研究基于隐私保护的替代数据设计与商业模式的开发与推广,这是技术设计师和新兴公司当中正在兴起的一项全新运动。我们与另外两位女性一起成立了"数据伦理"(Data Ethics)智库。起初,就像在学校里与最受欢迎的孩子对抗一样,我们只是带有局外人身份的活动家,并没有认识到这个"愣头青"的过人之处及其全新装备的闪光点。然而,公共话语和公众意识也在与日俱变。特别是在公共研讨当中,欧洲通用数据保护改革的谈判日渐广为人知。随着人们对于数字技术伦理的关注以及深化认识,"数据伦理"智库也越来越多地参与公共研讨、商业以及政策磋商当中。

　　我在该领域浸润多年,这对于我对本书中所探讨的历史与权力机制的理解至关重要。我注意到人们对于互联网在社会中的作用认识与日俱深——他们并非只是停留在对技术和功能问题的表面关注上,而是日渐开始深入审视随之而来的风险与挑战。我还注意到,人们对在线隐私风险的关注点目前已然转变为对公共群体当中数据伦理影响与议题(包括侵犯人格尊严、侵害社会弱势群体,以及民主和民主制度面临的歧视与挑战)的普遍认识。也正是在此时,我发现了一种文化权力模式——一种社会技术数据系统当中嵌入文化元素的权力分配机制,尤其是作为权力机制表达的"数据伦理"这一术语中蕴含着的利益分配模式。

致 谢 | Acknowledgements

本书能够付梓出版，需要感谢许多挚友与社群提供诸多至关重要的帮助。我要感谢那些隐私与人权倡导者、吹哨人与调查记者、开明的政策制定者以及杰出的学者。我要特别衷心地感谢多年来与我开展赋能合作并且交流启智想法的学术挚友：弗朗切斯科·拉彭塔(Francesco Lapenta)①、佩妮莱·特兰贝里(Pernille Tranberg)、比吉特·科弗德·奥尔森(Birgitte Kofod Olsen)、里克·弗兰克·约恩森(Rikke Frank Jørgensen)和卡罗莱娜/卡罗琳娜·阿盖尔(Carolina Aguerre)。特别感谢延斯-埃里克·马伊(Jens-Erik Mai)对本书几个章节草稿的认真评阅以及宝贵建议。

感谢克劳斯·布鲁恩·延森(Klaus Bruhn Jensen)、西莫内·范德霍夫(Simone van der Hof)和萨菲娅·乌莫加·诺布尔(Safiya Umoja Noble)对于书稿的深入阅读与反馈，还有哥本哈根大学的"监控、信息伦理与隐私"研究小组，具体包括劳拉·劳科维奇(Laura Skouvig)、卡伦·索伊兰(Karen Søilen)和希莱·奥贝利茨·瑟(Sille Obelitz Søe)。我还要感谢电气电子工程师学会(IEEE)道德准则设计倡议背后的人们，正是他们将伦理规范付诸实践；感谢为全球互联网社区治理铺平道路的人权学者与倡导者，特别感谢梅里姆·马尔祖基（Meryem Marzouki）和玛丽安娜·富兰克林（Marianne Franklin）；感谢全球隐私与创新网络的成员，他们很早就意识到隐私

---

① 本书西文人名众多，尽量依据《世界人名翻译大辞典》(2007)翻译，知名人士依照惯用译法。——编者注

1

不仅仅是一个障碍那么简单；感谢数据污染与权力组织带给我的灵感，特别是波恩大学可持续人工智能（artificial intelligence，简称 AI）实验室的艾梅·范·温斯伯格（Aimee van Wynsberghe）；感谢倡议人工智能人本方法的国际推广组织——InTouchAI.eu 的詹卢卡·米苏拉卡（Gianluca Misuraca）；感谢可信人工智能民间社会运动中的马克·苏尔曼（Mark Surman）和马丁·蒂内（Martin Tisne）；感谢纳塔莉·什穆哈（Nathalie Smuha）以及欧盟人工智能高级别专家组，他们创造了"可信人工智能"这个术语，并重振了人本方法。对于以下挚友的诸多支持，我永远铭记于心：布里特（Britt）、卡罗琳/莱娜（Carolina）、西涅（Signe）、斯泰恩（Stine）、里克（Rikke）、玛丽（Marie）、玛丽亚（Maria）等，你们都是我的守护神。感激家人们无时不在、无处不在的关爱，他们是弗朗切斯科（Francesco）和克拉拉（Clara）、布（Bo）、阿斯克（Ask）、桑内（Sanne）（和他们的三个孩子）、弗吉尼亚（Virginia）和弗朗切斯科（Francesco）、毛里齐奥（Maurizio）、蒂娜（Tina）和马里奥（Mario）、诺尼娜（nonina）、米诺（Mino）、卢卡（Luca）和露西娅（Lucia）（以及罗马家族全体成员）、皮诺（Pino）和弗兰卡/弗兰萨（Franca）（以及贝加莫家族全体成员）、尼古拉（Nicola）和弗兰卡（Franca）、弗吉尼亚（Virginio）、罗科（Rocco）、温琴佐（Vincenzo）、格里（Gry）和雅库博（Jacub）（以及斯莱滕家族全体成员）、法尔莫尔（farmor）和法尔法尔（farfar）、莫尔莫尔（mormor）和莫尔法尔（morfar）、祖尔（Susie）、莫尔（mor）。

目 录 |Contents

导论

想象一段以"爱"为表达主题的音乐——这种爱并非只为某个特定的人。再想象另一段以"另一种爱"为表达主题的音乐。此时,就存有两种不同的情感氛围,各自分别耐人寻味。在这两种情况之下,爱的性质将取决于其本质而非对象。然而可以说,很难想象一种鲜活却不指涉任何事物的爱。(Henri Bergson,1932)

为什么我们需要讨论数据伦理学? 人类及其相关数据与信息之间的关系往往牵涉社会维度与伦理维度的重重困境,并且数据系统与注册信息一直持续不断地强化着社会中的权力机制,甚至催生其全新演化业态。然而在 21 世纪之初,随着全新的数字技术和数据更迭的到来,当下的数据系统形态及其伦理影响与权力复合体正在迅速发生演化,这就是为什么本书当中提出我们需要一种形态截然不同的数据伦理学。一个最新的发展态势就是将所有事物均转化为数据,使其成为生活与社会的一种外层维度——其获取可谓不劳吹灰之力、不费一分一文并且可以无缝耦合。就在撰写本书之时,数据已然不再仅仅捕捉政治、经济、文化和生活等方面的诸多内容——数据就是这些方方面面的延伸。数据凭借着自身的多种形式根深蒂固地融入社会之中,并且能够在日趋复杂的数字系统中找到自己的用武之地。这些数字系统被开发出来的初衷就是用于存储并解读大量数据,同时可以根据这些知识采取相应的指令性行动。这些数字数据系统在政治、文化和工业等领域的决策过程当中均发挥着关键性作用,同时也影响着社会个体人生轨迹的跌宕起伏。从这个意义上讲,它们也是不同利益之间进行权力协商的中心参照点。因此,这种权力的全新形态理应成为任何关乎数据系统伦理问题的核心研究对象,同时也应该是数据伦理学的核心议题。

本书旨在通过阐述"权力的数据伦理学"这一"人本方法",进而锁定大数据和人工智能社会技术环境发展与论辩现状中的共识基础。这一方法着重揭示嵌入大数据和人工智能社会技术基础设施当中的权力关系,旨在清晰地呈现支持"人本"权力分配的相关设计、商业、政策以及社会文化过程。但是,其现实意义何在? 试想一个人工智能机器人——它依靠在以白人面孔为主的图片库中筛选来决定人类之"美"的内涵。设想一个在线搜索系统——它通过学习新闻文章来把"保姆"和"接待员"等词汇识别为女性，而将"建筑师"和"金融家"等词汇标记为男性。假想一个人工智能评估模型——它因无法解释教师工作的社会维度抑或人文维度而给一位本来优秀的教师评分较低。回想一下大规模全球情报监控网络或者大规模政治画像运动——它们均借助社交媒体网站的个人数据对数百万人进行隐蔽分析。这些社会技术数据系统与诸多实践在伦理上是说不过去的。它们往往并不具有"公平性"，当然在道德维度来看绝非良善，在某些情况下，甚至可能被认定为某种不法之举。然而，本书当中我所提出的数据伦理学并非法律意义上的评估，也不是关于善恶好坏的道德评判。正如前文所言，权力的数据伦理学旨在揭示嵌入大数据和人工智能社会技术基础设施之中的权力关系。换言之，数据伦理学希望找到一种造物、笃行与治理的综观方式，使之造福于人类社会。诚如法国哲学家亨利·伯格森（Henri Bergson）所言："我所提倡的是博爱。"它兼具本体性与修辞性，具体关指人类同地球、众生与人我、天地共洪荒、无相且无著。唯爱而已，不多不少，不即不离。

21 世纪之初一个令人鼓舞的转变就是有关数据伦理学的讨论日臻成熟，它已然成为欧洲以及其他地区公共研讨的主要话题，并被提到重要的政策议程上来。值得注意的是，诚如本书所述，特别是在 21 世纪 10 年代的最后几年，有关数据与数据创新方面的伦理立场已经悄然成为欧洲在全球地缘政治舞台上具有竞争力的写照。从业界、学界和民间社会团体，再到政府和政府间组织的一系列社会利益相关方，都在提出并尝试解决当前数据基础设施中的各种关键性问题，例如：数据偏见与多元文化表征缺失、消费者被动丧权削利、民主机制备受"黑箱"算法挑战、IT 安全与数据保护缺陷、数据垄断以及选民操纵，等等。此外，数据锁定直接导致科学研究、公共服务、商业贸易（尤其是人工智能系统技术）发展错失良机。

不论是过去，还是当下，这些问题在某些关键时刻都显而易见。

但是，我们又该如何去改变一个已然确定朝着与我们人类价值观相反方向（挑战人类的尊严感、凝聚力、能动性、责任感与民主制）发展的社会技术呢？不同的利益相关方会看到迥然各异的问题，并且提出五花八门的解决方案。此时，彼此之间的利益自然就会发生冲突，因为并非数据现实当中所有问题均趋向一致，其解决方案自然也就大相径庭——这就是产生争议的时刻，也是权力具体化的时刻。据此我提出建议：若想在大数据与人工智能时代实现变革，我们就必须额外关注这一时刻，因为正是在这个争议纷生的时刻——当关键性问题变得显而易见、价值与利益协商走到舞台中央并做出妥协之时——实际的社会技术转型才会露出端倪。

有时这会让人觉得不堪重负——诸多问题、重重挑战以及不得不做出的妥协之间错综复杂，让人望而生畏。然而，正如我在本书中所言，现实情况并未完全跳出我们的手掌心。本书的基本写作观点如下：人类掌控着上述种种妥协，但其前提是我们对于社会技术转型当中所蕴含的各方（包括我们自己在内）权力与利益能够做到洞若观火。当下，我们面临的最大挑战在于我们自己。我从国家、政府间、技术界、工业界和民间社会团体的政策制定者与决策者的诸多"治理"尝试当中发现：当我们试图协调社会技术变革的社会技术行为与主体之时，却始终未能有效地解决其根本的复杂性。我们的视野被自身的问题以及高效的解决方案所蒙蔽，因此我们未能看到社会技术变革的核心问题，也就是影响变革并引导社会技术发展方向的权力机制形态。我们日复一日地重蹈覆辙：不仅低估了嵌入社会技术环境中的权力复杂性，而且小看了多样化伦理与社会维度的影响。同样，我们也没能超越自我的切身利益、专业知识及其应用领域，因此我们影响了自身，甚至造成了全新的伦理问题。对于相关问题与解决方案的看法，我们周而复始地夜郎自大——虽然大体上是出于善意，但也总是乏善可陈。我们未能彼此协调抑或相互理解，最重要的是，未能就更广泛的社会伦理影响而有所评价。因此，我在本书中通过阐释权力的数据伦理学这一人本方法来提出一个参照点,使其成为我们聚首研讨的起点。

本书对数据伦理学、大数据以及人工智能主要有以下三个方面的贡献。

权力的数据伦理学

起初,人们在公共话语当中使用"数据伦理学"这一术语,用于研究其对隐私所带来的挑战,以及解决大数据技术与系统的一般性社会伦理问题。此后,数据伦理学就成了表征公司与国家"善意"的符号,后来陆续融入应用伦理学下辖的"设计伦理学"(一种道德哲学)之中,其方法论与实践论的指导原则在于把人类趋善的价值观灌输到大数据与人工智能系统当中。在本书中,我所关注的数据伦理学主要聚焦于大数据与人工智能的文化与社会权力机制,而非仅仅关注其道德上的"善恶好坏"。鉴于技术的文化产品属性,技术实践是一种嵌于社会分层的文化意义制造系统当中的具身体验性活动。这就是为什么作为社会技术变革与实践的文化系统本身存在伦理问题并且需要我们依赖权力的应用数据伦理学予以解决。我个人认为,我们需要把大数据与人工智能基础设施看作是一种社会分层的文化系统。在这种文化系统当中,既定社会之中的主导者利益占据主要优势,而其他少数群体的利益则遭遇深层压制。社会技术数字数据系统是一种强化与分配权力的空间架构,其中的数据文化表现为:维护某些特定群体权力的同时,压制他者的自由度与能动性。实际上,这种文化系统当中汇集了不同权力方的利益,具体包括:企业、政府,乃至学界。

数据伦理学治理

一直以来,我本人积极参与新兴数据技术的伦理影响在公共空间以及政策维度上引发的诸多讨论，我也试图阐释数据伦理学成为解决上述论争的核心缘由。通过提出并回答这个问题，我同时勾勒出了数据伦理学在社会技术变革背景下的治理角色与功能图谱。这也为我自己所参与的研讨与协商提供了一个基于人类道德与人本方法的大数据与人工智能社会技术系统的权力结构的共同基础。

我想说明的是，在社会技术变革的背景下，数据伦理学可以为人类治理发挥作用。我研究了 21 世纪 10 年代后期关于大数据社会基础设施的公共研讨与政策议程，这是一个大型技术系统在社会技术发展过程中颇具一般性的"中间"阶段（Hughes，1983，1987）。此间，不同的技术文化与方法可谓百家争鸣，相互竞争，从而谋求技术动力。我认为，在对大数据与人工智能的研用过程进行治理之时，人类需要对争议时刻所做出的伦理妥协予以高度重视，因为它们是大数据与人工智能社会技术基础设施的技术动力在社会整合过程中所做出的文化妥协。因此，对于这一领域所牵涉的文化权力保持高度警惕就显得至关重要。在此，我强烈建议进一步丰富大数据与人工智能社会技术基础设施的治理与设计之中的人类权力文化。

人本方法

"人本方法"这一术语和主题肇始于全球人工智能政策讨论之中。除了用于强调人类的特殊角色与地位之外，这一说法并没有形成普遍认可的概念化共识。如果这一方法首要关注的是人类个体与群体本身，我们无疑就会反对这一方法及其所假定的人类中心主义取向。然而，在本书当中，我认为我们应该以一种截然不同的方式重新审视这一概念，并有针对性地提出一个补充性概念，我将其称为"人本方法"。在我看来，这一方法关注的是：作为伦理学意义上的存在，人类本应具有相应的伦理责任。换言之，人本方法并非优先考虑人类个体[正如齐格蒙特·鲍曼（Zygmunt Bauman，2000）所说的那样,它并非关于"个体化"],而是强调人的伦理存在属性;强调我们不仅要对人类本身负有伦理责任,同时也对一般的生命与存在负有伦理责任;强调在大数据与人工智能社会技术基础设施中要以非常具化的方式前置人类的动态品质——一种赋权的人性基础架构。换言之,人本方法在实践层面上还鼓励我们在数据的设计、使用与实施当中赋予人类一定的灵活性——这确实也包括(但不限于)人类个体赋权。

人本方法在数据伦理学的"协商空间"与"关键文化时刻"当中体现得最为明显。"协商空间"使批评和谈判具有了可能性,但也仅在"系统"(物质、非物质、技术、文化等)发生冲突或争议之时才会发生。"关键文化时刻"具有特殊的人本特征,只有当人类记忆和直觉得到重视并获得一定的时空范畴予以调整之时才会发生。从实践层面来看,这进一步体现为优先考虑人类在大数据与人工智能基础设施数据中的相关利益,并且通过在数据设计、使用、治理与实施当中把人类主体纳入实质性工作之中而得以实现。

因此,权力的数据伦理方法并非仅仅关乎人类,它还具有以人为本的具化属性,这就注定了不能对其置若罔闻,更不可以贪图功利之用。我们应该将其看作是一种人本道德而非社会道德(Bergson,1932,1977)。我们可以制定数据伦理指南、原则与策略,甚至可以对人工制品进行编程让其依据道德规则行事。然而,为了真正确保权力以人为本地得以分配,数据伦理学必须超越道德义务范畴,跳出编程规则集合的藩篱,它必须具备人本属性。

哲学家亨利·伯格森——本书后续将会大量引证他的观点——在他的哲学著作中对"人本方法"提供了一个典型例证。人本方法并非意味着人类继承了某种神圣的天赋,也不意味着人类是一种非自然的附庸性世俗存在,而是意味着人类不仅仅拥有机器般的智商,还具备另一种直觉性智慧(Bergson,1896,1991;Deleuze,1966,1991),即通过启动记忆(Bergson,1896,1991)而进行"动态思考"的能力(Bergson,1907,2001,p.318)。最重要的是,他批评了功利主义对生命的处理方式。借此，我认为，他为我们提供了一个理解人类以及人工智能在智商局限性上的概念框架，而这恰好是人工智能无法超越之处。

最后，我们用这种人本方法可以实现哪些功用呢？借助这一方法，我们可以对抗维系排他性社会的大数据与人工智能系统在现实秩序控制方面的封闭性与排他性属性。这些社会技术系统体现了社会利益与权力的不对称。它们只代表了一个动态的人类现实与多元文化的冰山一角。然而在实践过程当中，它们却日渐被视为完整的系统而被采用。人本方法可以用爱来对抗这些排他性倾向。爱是在所有文化当中都能找到的一个概念——希腊词语"agape"表示无条件地爱所有人类；佛教词汇"maitri"表示普遍的仁爱。在本书中，我借用了亨利·伯格森的概念，即开放的"博爱"，它没有利益之分，而是泛指整个人类社会，从而促生一个开放公正的社会（Bergson，1932，1977）。

全书概览

下面我将给出权力的三种核心竞争结构，每一种均自带形态与风格，并且具备各自的"数据文化"。全书主体总共分为三个部分（共5章），分别聚焦权力的三种不同特征：

第一，论述权力与大数据（第1—2章）。

第二，论述权力与人工智能（第3—4章）。

第三，论述人类权力与数据伦理学（第5章）。

在全书的第一部分（论述权力与大数据的前两章），我主要论述第一种权力结构——大数据社会技术基础设施（简称BDSTIs）及其文化与环境体系。这一权力结构的实体由遍布全球的光缆构成，它们打破了相关数据收集与获取的地理区域与管辖范围的藩篱，并在虚拟的流动空间当中保证主要社会功能运作愈加有条不紊（Castells，2010）。BDSTIs凭借这些新兴技术媒介的时空配置对权力进行二次分配。此时，设计并塑造BDSTIs的基础组件在本质上就是一种权力形式。例如,国家层面与业界主体的监管权力均以 BDSTIs 架构的关键属性形式被嵌入其中(Haggerty & Ericson,2000;Lyon,2001,2010,2014,2018;Hayes,2012;Bauman & Lyon,2013;Galic et al.,2017,Clarke,2018,etc.)。

在第二部分(论述权力与人工智能的第 3—4 章),我将重点关注第二种权力形式——大数据人工智能社会技术基础设施(简称AISTIs)。首先,这一权力形式可以看作是 BDSTIs 在分析能力维度有所改良的升级版本。虽然其大体结构与 BDSTIs 类似,但是又增补了其他组件,从而具备实时环境感知能力,并且能够以自主或半自主的方式学习与升级。

本书前面 4 章所描述的两种社会技术基础设施构成了人类现实社会当中不同维度上发挥作用的两种权力形式。BDSTIs 主要通过信息数字化在日常空间中大展拳脚;与之相比,AISTIs 则通过数据管理而走进我们的日常生活,并以具象化未来的方式积极地塑造着人类的过去与当下。因此,我的观点是,权力的数据伦理学的核心关注点应该是将 AISTIs 和 BDSTIs 视为具有社会分层功能的文化系统组件。在该系统之中,社会主导群体的利益被空间化并固定化,因此愈加难以批评抑或重构。

最后,在本书的收尾部分(第 5 章),我讨论了人类的权力和赋权——我坚信二者正是权力的数据伦理学之核心所在。权力的数据伦理学这一人本方法将人视为具有相应伦理责任的伦理存在。然而,伦理能动性需要特殊的时空条件才能发挥作用。在社会技术变革面前,人类的权力不断与 BDSTIs 和 AISTIs 的权力进行博弈。因此,这就需要一种应用型数据伦理学,来确保人类主体参与到社会技术数据系统的数据设计、治理、使用与实施当中。

如何解决复杂的数据伦理问题

在开始写作本书之初,我已经在政策与实践领域闯荡多年。数据伦理已然成为一个常用术语，并且在与强大的科技巨头的紧张对抗以及公开研讨当中最终得到普遍接受。然而，即使伦理反思与社会意识始终常伴左右，我还是注意到我们常常未能有效估量自身所作所为在不同利益文化当中的影响。正如前文所述，我们沉浸在权力的社会技术与文化结构当中，而这些却都限制了人类"技术之用"与"技术智用"方面的自由度。

一般来说，科学家解决问题最传统的方法就是从自己的专长领域（例如民族志、法学、哲学、社会学或工程学）出发来看待这个问题。我所意识到的是，这些彼此独立的学科领域实际上也代表了人们在公共话语与政策条例当中对于人工智能、大数据和数据伦理的言说方式。在很长一段时间之内，我都在研究塑造上述领域的利益相关方与科学界在话语体系和传统机制方面的不同，这使得我能够对于每个群体及其传统的个性风格与语言表达洞若观火：一方面它们之间彼此泾渭分明，另一方面又彼此唇齿相依，存在同心共核。

在本书当中，我尝试有机地整合不同视角来解决既定问题。我想要创建一个多语言、多传统的整合型集成体系，从而传达一直在与我互动的公众之声。当然，将纷繁复杂的诸多传统联系起来予以研究，然后将其予以有机融合，这极具复杂性。我需要做的就是尝试接受社会技术变革的复杂性，这绝非易事。

当身处技术发展当中，特别是在讨论同一问题时所遵循的传统之间存在根本差异（有时甚至是相互矛盾）之时，我们应该如何创建一个元语言体系呢？

有关这一点，我特别受到托马斯·J.米萨（Thomas J. Misa，1988，1992，2009）相关论著的启发。他采用了一种可以在不同分析层面之间切换的方法，以此应对社会技术变革的复杂性。他提倡采用能够兼顾微观与宏观角度的"多层次"分析方法，旨在克服在他看来存在于两种不同框架之间的二分法偏误：分析人机关系之时，要么仅用微观技术视角，要么只用宏观技术视角（Misa，1988，2009）。在他看来,如果只是关注微观机制(如某种技术的设计师与工程师),或者只关注宏观的经济或意识形态模式,都会对社会技术变革得出截然不同甚至经常相互矛盾的认识。换言之,前者往往看不到产生变革的宏观社会条件与权力机制,而后者则往往只从宽泛的宏观社会动态之中看待问题,从而忽略个体的细微差别与个性因素。相比之下,多层次分析则兼顾了两种视角。

此外,三重时间尺度(微观、中观和宏观)也是我对权力的数据伦理学进行划分的核心依据。

从微观尺度来看,人们发现:对于人类的争议与协商而言,技术设计本身要么封闭,要么开放。例如,人工智能能动者的算法与数据处理过程可以是一个"黑箱",它可以在没有人类干预的情况下自主进化。相反,它也可以在设计回路、透明度、审计性以及个人数据控制等方面邀约人类参与其中。在关注技术设计的同时,我还聚焦于人类设计师的设计与编程以及人类用户予以实施之时所处的微观时空。这里在对数据技术进行微观时间维度的分析之时,主要考虑的是数据设计本身以及设计过程是否具备对于文化价值协商的开放性。例如,设计过程是被锁定在一个不容置疑的技术数据文化当中,还是允许对这一过程中牵涉的利益进行批判性的评估?

就中观尺度而言,各类机构、大小公司、政府部门以及政府间组织在自身实践的价值观念与文化框架的可商讨性维度上同样游走于封闭与开放两端。选择自我封闭的实体将沿着常态发展,其基本都是循规蹈矩,不会节外生枝。选择开放的实体在遵规守法的基础上还会尝试提出针对价值协商与伦理反思的倡议,并且据此而付诸行动。当在不同的倡议抑或各种实体之间能够识别出针对特定主题的伦理反思模式之时,"数据伦理治理"可能就会找到用武之地。

最后,从宏观时间尺度上讲,社会技术发展与变革同样具有可分析性。当社会中的社会技术系统出现危机并且亟须危机治理之时,伦理反思与协商往往就会浮出水面(Hughes,1983,1987;Moor,

1985）。这些时刻意义重大，因为它们不仅构成社会协商，还会促成文化妥协——这是社会技术系统进化所需的"技术动力"（Hughes，1983，1987）。此外，它们对于创新与发展阶段同样至关重要，因为它们促成了社会技术系统的转型——它们产生于寻求解决系统关键问题的过程当中。我们可以将其想象成一种"系统之争"——新旧系统同时并存于一种"辩证张力"（Hughes，1983：106－139）之内。或者将其想象为一系列冲突与出路并存的局面——不仅存在于工程师之间，而且在不同政治与多方利益主体之间同样如影随形。此时，关键问题纷纷暴露出来，不同利益需要予以协商并平衡，最终聚焦于如何通过系统进化解决相关问题。正是在这个阶段识别并解决了相关问题之后，新系统（或者旧系统改造）随之诞生。要想解决这些系统的关键问题，不仅需要看到技术层面的因素（例如，采用与系统要求一致的技术标准），更要关注其中涉及的政治与历史因素。

术语说明

如果想要避免鸡同鸭讲的尴尬，那就需要一套公认的术语。本书的一个关键旨趣就是在关注人类权力的情况下，为围绕人工智能与数据而展开的数据伦理讨论创造一个共同基础。其中任务之一就是为权力的数据伦理学提出一套普适话语，下文介绍的关键术语就在其列。

数据伦理学

数据伦理学关注大数据社会中的权力分配和权力关系及其相应的运作条件。应用型数据伦理学关注的是如何彰显这些权力关系，以便指出支持"人本主义"权力分配的设计、商业、政策以及社会文化进程。

权力

众所周知，权力是一个颇具争议的理论化概念，可以回溯到霍布斯（Hobbes）、马克思（Marx）、阿伦特（Arendt）以及福柯（Foucault）等多个前贤先哲的文献当中，可谓遍布各个学科。在本书当中，我仅以当代权力理论的前沿范式为参照，将对象聚焦于当代文化与数字技术之上。权力的数据伦理学关注于新兴技术介导的时空结构（BDSTIs 和 AISTIs）当中的权力分配，同时强调把价值与利益的文化权力斗争与协商看作是社会技术变革与治理的核心议题。这种权力与技术的概念化缘起于监控与关键数据研究，其关注的焦点是大数据社会的权力状态——微观上关注系统、商业、政府以及工程方面的数据实践，宏观上关注社会技术的变革。尤其需要指出的是，我们需要从"流动性"的角度来研究权力问题。（Bauman，2000；Bauman & Haugard，2008；Lyon，2010；Bauman & Lyon，2013）即关注一种由少数权力主体集中操纵的权力。它们在（监控）文化（Lyon，2018）的使用、设计、治理与想象中日益自我维持、重新设计并进化发展。从这个意义上讲，他们难以改变——虽然不无可能。基于文化研究传统，我提出了文化与权力的概念化，旨在解决文化表征、文化实践以及文化产品当中权力分配不平等的问题。至关重要的是，从这一视角来看，文化权力并不具备长久稳定性。相反，文化权力始终具有动态开放性与重新分配性的诸多可能。

社会技术过程

技术始终是社会的组成部分，就像社会始终是技术的一部分一样。这也就意味着，两个概念的理解"你中有我，我中有你"。技术不仅仅关乎具体设计与物质外观，而且是一个社会技术过程——由不同社会、政治、经济、文化与技术因素构成的复杂过程（Hughes，1987，1983；Bijker et al.，1987；Misa，1988，1992，2009；Bijker & Law，1992；Edwards，2002；Harvey et al.，2017，etc.）。

（社会技术）基础设施

基础设施是社会空间中虚拟性与实质性社会技术组织的综合

体。它们具有设计性与固定性，但也会在社会、经济、政治与历史的非设计性动态背景下发展演化。具体而言，社会技术基础设施是一种特定类型的人造空间，其间会上演不同社会利益、想象和愿景之间的协商与博弈，整个过程兼具虚拟性与实质性、设计性与灵活性。

大数据社会技术基础设施

在本书的第一部分，我引入了大数据社会技术基础设施（BDSTIs）这个术语，以此指代由大数据技术构成的社会技术基础设施。作为全球经济与社会流动的主要基础设施（Castells，2010），BDSTIs 打破了地理空间疆域以及法律文化管辖的藩篱。在 21 世纪之初，BDSTIs 日渐成为全球社会与环境的刻画手段并且融入其中，成为社会实践、人际交往、身份建构、经济活动、文化政治得以开展的通用背景。在某种程度上，它已经在信息技术（简称 IT）实践的系统要求标准以及数据保护的监管框架方面完成了制度化转变，并且被赋予了如同人类一样对于大数据所带来的挑战与机遇的预见力。

大数据人工智能社会技术基础设施

大数据人工智能社会技术基础设施（AISTIs）是我用来描述分析能力有所升级的大数据社会技术基础设施（BDSTIs）一个术语。AISTIs 与 BDSTIs 有共通之处，但前者的组件可以实时感知环境，并且具有自主或半自主学习与进化能力。BDSTIs 主要通过信息数字化而在日常空间中发挥作用；而 AISTIs 通过数据管理而走进我们的日常生活，并以具象化未来的方式积极地塑造着我们的过去与当下。在本书的第二部分，我将详细介绍 AISTIs 的历史由来、伦理维度以及发展状况。

文化

文化一体两面：① 它是一个把具有共同概念框架与资源的社

区齐聚一堂的系统,本身具有一定的主动性,具体表现在它在社会常规实践当中积极地赋予特定事项一定的优先级、具体目标以及组织世界的方式;② 文化是一种"整体的生活方式"(Williams,1958,1993),其中确实蕴含着规约性的主流意义,但重要的是文化也关指这些意义的协商过程。换言之,文化不具单面性。相反,文化具有多元性——一方面它被社会主流群体落实在制度、形式与实践当中,另一方面也具有亚文化属性,由社会中的少数群体亲身实践。因此,文化总是变动不居的——从一开始,文化就是一个意义构建的动态系统,因此总是面临开放性竞争与社会博弈。

数据文化

我们将那些用于构建数据科学、实践与治理的文化称为"数据文化"。它们是工程师、数据科学家和数据系统设计师的概念地图,带有文化编码属性;同样也是数据系统的部署者、立法者和使用者的概念地图。数据文化并非始终具有共享性,有时甚至可能存在冲突,同社会权力的协商与博弈息息相关。例如,数据科学家和设计师的实践就是在特定的非正式或制度化的意义制造文化系统中得以进行。因此,数据系统的开发与设计这一实践本身就是一种文化实践。

人本方法

"人类中心"或"以人为中心"的方法是 20 世纪 10 年代末人工智能与大数据伦理政策提案讨论中的一个流行术语,旨在将这些领域的社会技术发展重新聚焦到人类利益之上。在本书中,我将进一步围绕这一术语进行探索,并将其予以概念化处理。但是,我更倾向于将其称为"人本方法",旨在强调人类作为一种伦理存在的作用——不仅对人类生命本身负有伦理责任,同样对于一般性生命与存在也负有相应的伦理责任。在实际应用当中,人本方法通过让人类参与人工智能的数据设计、使用和实施,将人类利益与人工智能数据联系起来。特别值得一提的是，权力的数据伦理学这一人本方法构成了对塑造技术进步的权力以及我们建造与设想大数据与人工智能社会技术系统的批判性反思。

价值与（数据）利益

价值观是"人们关于'好'的理想品质或状态的认知"（Brey，2010：46）。在不同的文化观与世界观之间的权力博弈当中，价值观得以充分彰显。不同的主体持有的利益不同，分别代表针对物质（诸如各类资源）而展开社会权力博弈。权力的数据伦理学特别关注嵌入在数据设计和治理当中的数据的利益［即"数据利益"，Hasselbalch，2021］。实际上，价值观和利益构成了社会技术变革的核心。

道德能动者/能动性与伦理能动者/能动性

道德能动性概念常常与伦理能动性概念换用，但我想对此予以区分，以便强调二者所指能力的差异。在我看来，道德能动者是指只能根据道德规定和决定行动的实体。例如，"智能"的非人类能动者（人工智能能动者）是道德能动者，但其并非伦理主体。这也是为什么我认为数据伦理只能归因于人类责任。

人类行动者/能动者与非人类行动者/能动者

对于人类行动者/能动者和非人类行动者/能动者，我特意做了区分。然而，我进行这种非常粗糙的二元区分的目的并非基于技术决定论或文化决定论。相反，它只是一种表意技巧，旨在揭示 AISTIs 道德能动性的局限性，同时还有与之相关的人类伦理能动性和权力对于改变并治理社会技术发展的重要性。因此，尽管我对二者有所区分，但也承认技术制品是人类能动性、意向性及其在人类环境中趋同性的延伸。

伦理/数据伦理治理

"伦理治理"(Rainey & Goujon,2011；Winfield & Jirotka,2018)是一个具有多元性、反思性、开放性(Harvey et al.,2017；Hoffma et al.,2017)与灵活性的过程,旨在确保"最高标准的行为"(Winfield & Jirotka,2018)。它超越了一般意义上的治理优越性与有效性。在我看来,作为一种伦理治理形式,"数据伦理治理"通过创建以人为本的数据文化基础设施实践,专门解决大数据社会的复杂性问题。

第 1 章

大数据社会技术基础设施

变以求存！

约翰·马希（John Mashey，1999）

在 1967 至 2018 年间,莫兰迪大桥是连接意大利热那亚市东西两部的主要干道之一。该桥的混凝土结构可谓享誉全球的意大利工程与技术能力的典范。事实上,2018 年时意大利在全球范围内也是首屈一指的水泥生产大国,那时全球数以千座的混凝土高架桥、隧道以及桥梁都是意大利杰出设计师的手笔。作为城市关键基础设施的组成部分,莫兰迪大桥默默地服务着当地百姓的日常活动,每天都有数以千计的行人往返于莫兰迪大桥之上,但却对这座大桥及其建造本身"日用而不自知"。然而,2018 年 8 月 14 日,这座熙熙攘攘的桥梁发生了坍塌事故,导致 43 人死亡,600 人无家可归。莫兰迪大桥一下子成了各方关注的焦点。无数的媒体报道与调查铺天盖地而来,不仅揭示了该桥的工程历史,甚至将这一基础设施的崩塌等同于"国家神话"的破灭(Mattioli, 2019)。

　　我们可以把大数据社会技术基础设施(BDSTIs)看作是莫兰迪大桥,或者看作其他常见的"融入自然背景"中的道路或者建筑(Edwards,2002,185)。日复一日,我们在上面穿行不停,与过桥巡路别无两样。它们默默地为日常生活提供便利,让我们的日子过得井井有条。它们构成了我们生活的微观空间结构,并且被嵌入宏观社会结构当中。然而,如同莫兰迪大桥一样,这些 BDSTIs 并非仅是物质外壳与数字电缆的拼合体;在危急时刻,在基础设施崩溃之时,其政治意义和文化意义就会变得显露出来(Star and Bowker, 2006; Bowker et al., 2010; Harvey et al., 2017)。

　　在本章中,我们将研究大数据社会的基础设施——与研究基础设施的目的一脉相承——具体有二:第一,了解并揭示人类环境;第二,驾驭人类环境(Harvey et al., 2017:2),这也是更为重要的一点。本章的主要目标在于理解社会技术基础设施的特殊权力机制,这也

是权力的数据伦理学所关注的议题。本书当中,我将其称为 BDSTIs
或 AISTIs,并深入探讨其作为信息社会权力机制组成部分的演变轨
迹,特别要谈及的是欧洲大数据基础设施的概念。本章的最后部分
将探讨一些伦理问题,尤其涉及大数据社会所特有的权力数据伦理
学——这是我使用的专门术语,用来描述 BDSTIs 和 AISTIs 占据主
导地位的社会的具体特征。我们还将探讨数据权力的不对称性体
验,并且审视权力的数据伦理的话语权问题——谁有权提出问题、定
义问题,或是提出我们所面临问题的解决方案?

大数据社会

什么是大数据社会? 在社会技术先进的大数据技术与系统之
外,我们何以想象大数据在这一社会当中的具体功用? 它应该扮演
哪些社会、经济与文化角色? 如果我们认为大数据社会是一个有机
的社会结构——一个具有同样的特殊性、关键性、伦理性问题的特定
权力复合体——我们还需要了解它的社会经济基础,尤其是意识形
态基础。互联网治理研究领域的专家维克托·迈尔·舍恩伯格
(Viktor Mayer-Schönberger)教授与记者肯尼思·库基尔(Kenneth
Cukier)将大数据社会描述为一场社会革命,它改变了人类的工作、社
会关系和经济境遇。这是一种由计算机技术引发的转型,它把所有
事物(和人)转化为数据格式(即"数据化",Mayer-Schönberger and
Cukier,2013:15),以此"量化世界",从而帮助企业、政府和科学家搜
集数据并且予以分析解读(同上,第 79 页)。

在 BDSTIs 经历这种升级演化的背景下,可以将大数据假定为一
种支持无限获取的资源。它与社会中的其他资源(例如石油和水)迥
然不同,并不会因为使用而减少(同上,第 101 页)。实质上,我们还可
以认为,大数据最根本的特点在于它是一个运动,其背后的系统为想
象和理解数字数据在社会中的功用提供了空间(Mai,2019:111)。

其中，大数据收集被看作是目标本身，相应的数据支持起在未来的无限获取(Mayer-Schönberger and Cukier，2013：100)。

人们对于大数据的风险与潜力的思考可以回溯到 20 世纪 90 年代末，当时大数据作为一个术语出现在计算机科学与商业领域，主要用于描述计算机技术与互联网的发展所带来的数字数据存储、交换与分析方面的一系列新兴技术变革。大数据这一术语最初是由硅图公司(一个位于美国的大型计算机图形公司)的首席科学家约翰·马希在一系列产品推介演讲中首次使用，用来描述大数据的巨大潜力，但也勾勒出了发掘这些未来潜力所面临的诸多商业与技术困境(Lohr，2013)。例如，他在 1999 年预测了大数据将如何撼动人类与物质实体的信息技术基础设施。具体来说，在其 1999 年以"大数据与下一轮基础设施压力"为题的 PPT 演讲当中，他提出要强化计算机数据存储与处理能力，以及建设支持数据释放的扩展互连的高性能网络，以此来呼吁企业"变以求存！"(Mashey，1999：45)。

在大数据运动当中，其局限与风险主要停留在"技术"层面上：数据存储、处理与分析能力均颇为有限。最顶尖的公司和机构往往是那些拥有"大数据思维"的企业，它们参与大数据基础设施实践、大数据收集以及创建支持协同操作的大数据集(Mayer-Schönberger and Cukier，2013：129)。此时，要想获得成功，就需要具备能够超越数据藩篱与边界的能力。其中，空间中存在的数据与潜在的数据被视为需要解决的主要问题。首先，问题与解决方案均属于技术性层面——例如，我们如何完成数据收集与存储？我们如何确保拥有可用工具来理解所有的数据？然后，上述问题才能上升到法律维度——例如，是否有办法在遵守数据保护法的同时，尽可能多地收集并处理数据？最后，这些问题又具有了"人本"属性——我们如何获取隐私等个人权利范围之外的数据信息，如何跨越身体、思想以及人类尚且无法解释领域的限制？为了获取数据而不得不僭越的限制边界日益触碰到"人本主义"的底线，这样一来大数据运动也就演化成了一个带有"人本主义"色彩的挑战。

作为一种人造空间,BDSTIs的具体设计受到人类想象力的左右,同时也离不开各种既定利益的博弈、妥协与支配。其背后的驱动力体现在:商界与各类机构对于大数据的无限资源潜力的幻想,还有对于不具备收集、存储与处理大数据能力的公司与基础设施所面临的商业与技术风险的隐忧。因此,作为一种由实践塑造的空间,BDSTIs旨在最大化地利用大数据潜能的同时,把实践过程中所面临的诸多挑战控制到最小。

空间的想象与政治

回想一下过去的"未加工"空间。数百年前,从北美西部的洛基山脉开始,有一片广阔的处女地,横跨东部的伊利诺伊州和印第安纳州,从北部的加拿大一直延伸到南部的得克萨斯州。这片土地最初被法国定居者命名为"草原"。19世纪中叶,美国诗人艾米莉·狄金森(Emily Dickinson)向朋友口述了一首小诗:"要造就一片草原,只需一株苜蓿一只蜂。一株苜蓿,一只蜂,再加一个梦。要是蜜蜂少,光靠梦也行。"(Franklin,R.W.,1998)她似乎在说,即便是未被人类触及的空间,也可以被人类的想象力捕捉并赋予意义。在21世纪,再也找不到任何未被触及的地方,开放的简约空间寥若晨星,取而代之的是人造建筑物——物质与数字成为主角。我们很少坐在开阔的草原上思考问题。我们穿梭在各类建筑之中,游玩于公园和游乐场之里,徜徉在人工种植的树木和灌木丛之间——当然还包括数字虚拟网络空间。所有这些都被赋予了人类的利益、意向与想象。然而,想象力不会在地平线的尽头停止,仍有空间留待探索。正如谷歌地球引擎与谷歌地球推广部主任丽贝卡·莫尔(Rebecca Moore)——在2015年的豪言所示:"试想一下我们的下一代产品,它就像是为地球量身定做的活生生的仪表盘"(Eadicicco,2016-4-15)。

1974年,马克思主义哲学家和社会学家亨利·列斐伏尔(Henri

Lefebvre)将空间定义为一种既可以通过身体，也可以通过社会现实和思想来触摸感受的建筑，我们可能成为其解放的对象，也可能沦为其治辖的奴隶。他认为，空间也是一种由外在物理实体与社会实践构成的复合体。如果没有"其中蕴藏的能量"，该空间也就不复存在（Lefebvre，1974，1992：13）。他将这种蕴含在空间当中的社会能量分为三类："感知类、设想类与实践类"（Lefebvre，1974/1992：39）。换句话说，我们通过身体感官来感知物理空间，并把空间作为身体的居所；空间也可以由城市规划师、工程师和科学家等专业人士"构想"而生；空间还可以通过将构想转化为对现实的"改变和适应"予以实现（Lefebvre，1974，1992：31）。借此，他指出了空间意义建构与解构过程当中的挣扎，并且勾勒出了权力机制与政治的交融图景——两者一起把空间塑造成为一种嵌入特定利益且兼具现实性与虚拟性的资源。一般而言，空间具有开放性，可以允许不同的利益"充斥"其中。显然，我们的"全球空间"最初也只是一个"有待填补的空洞，就像一个尚待开发的介质一样"（Lefebvre，1974，1992：125）。

空间不仅仅表现为可见可感的实体，还包括了开放性区间与我们在此投入的想象力及其在人造基础设施中的具化实现形式。本质上，这些基础设施是日常生活中的导航工具与建筑结构实体。它们实实在在地指引我们朝着特定的方向行进，同时也限制了我们的人身自由。比如，我们无法做到穿墙而过，也不能在没有护照的情况下越境他访。同样，空间的社会维度或文化维度可以给我们创造机遇，也可以让我们举步维艰。比如，我不可能仅凭一本护照就能跨越所有的限制，即使我用护照成功地通过了第一道人类边防人员的检查，但当我的面部识别结果显示自己与参与公共示威人群中的某张脸高度关联之时，我可能会在下一个电子边境检查口遭遇阻拦盘查。

基础设施的设计本身就是一个积极的过程。我们并非仅把基础设施作为一个空旷空间的简单填充处理。相反，正如信息科学技术研究学者杰弗里·鲍克（Geoffrey C. Bowker）和苏珊·利·斯塔尔

(Susan Leigh Star) 所言——"我们操控着基础设施"(Star, 1999；Bowker and Star, 2000；Star and Bowker, 2006)。对于基础设施的设计、维修,乃至干预控制等实践均意味着我们积极地参与到社会权力机制当中。空间基础设施正是人类争议与协商的结果——有时它们甚至可以揭示一个民族或社会群体对于他者的无情压迫。例如,北美大草原基础设施转型的背后就隐藏着最初在这些平原上生活、狩猎的那些印第安人土著的悲惨遭遇。

作为社会协商与权力博弈的场域,基础设施在涉及空间的社会占用之时往往被赋予不同的设想与期望(Larkin, 2013)。这也就意味着,既定空间中基础设施开发往往会导致社会冲突接踵而至(Reeves, 2017)。兰登·温纳(Langdon Winner, 1980)以连接长岛与纽约其他地区的低垂式立交桥为例进行了论述,可谓十分经典。这些立交桥被专门设计用于防止主要是黑人乘坐的公共汽车从此通行。这样一来,也就只有那些拥有私家车的中上阶层白人才能进入长岛。这样一来,基础设施的特定设计就把其中一些社会群体挡在长岛休闲区之外,让其求入无门。

我们可以将基础设施视为社会权力的"叙事结构"。因此,正如苏珊·利·斯塔尔所言,对于基础设施的研究应当始终寻求澄清这些类型的社会叙事(Star, 1999：377)。此外,通过将基础设施的隐形因素(即"基础")置于前端也具有一定的社会功能(Star, 1999；Bowker and Star, 2000；Bowker et al., 2010),这可以使得变革成为可能,同时确保潜在的社会后果可管可控(Bowker et al., 2010：98)。实际上,只要相安无事,这些权力叙事往往悄无人知。然而,对于莫兰迪大桥垮塌这样的突发事件,则有必要对其内部运作机制进行更为详细的阐述(Star, 1999)。

为了探索 BDSTIs 的基础设施叙事,我们可以观察一下它们在既定社会当中的整合状态遭遇破坏及其数据权力机制得以揭露的危急时刻。在 21 世纪之初,BDSTIs 与组织系统实践有机地融为一体

（Ratner and Gad，2019）。它们已然发展成为支撑全球经济与社会流动的社会技术基础设施，不受文化以及法律意义上的地界辖区阻碍。BDSTIs 表征并构成了全球社会环境的一部分，成为社会实践、人际交往、身份建构、经济贸易、文化政治活动的默认背景场域。然而，2013 年斯诺登（Edward Snowden）泄密事件以及新闻界后续针对美国国家安全局（NSA）的全球大规模监视系统进行的不懈调查[①]将关于 BDSTIs 的叙事推向了公共研讨的视野，使其所有的复杂性浮出水面。由此，一种兼具实体性与虚拟性的全球基础设施——被外国情报机构用来大规模收集欧洲公民的个人数据——才为世人所知。美国情报官员泄露的有关 PRISM 计划的 PPT 刊登在《卫报》（The Guardian）（2013）之上，揭示了大规模监控情报系统与全球最大的大数据公司社交网络服务狼狈为奸窃取公民数据的行径。他们还提供了一份详细的地图，说明世界各地（包括欧洲、美国和加拿大、拉丁美洲和加勒比海、亚太地区、非洲）的数据和信息流是如何通过美国的运行中心与节点被无故截取的。依据刊登出来的 PRISM 计划显示，电话、电子邮件和聊天记录不会通过最直接的物理路径得以获取，而是经由美国提供的低成本路线完成收集。数据不仅可以通过光纤电缆与基础设施完成收集，同时也可以直接在为世界用户提供服务的美国公司的服务器上得以截取。

斯诺登事件曝光之后，欧盟废除了美国与欧盟市场之间的数据交换基础设施的法律框架（安全港协议）。这些事件均揭示出全球 BDSTIs 对于世界各国与地区的传统领土治理模式所带来的硬核挑战。在这些丑闻曝光之后的几年里，关于大数据基础设施"遭受破坏"的新闻层出不穷：从公司与机构的大型数据被窃取与泄露事件（例如 2013 年的 Snapchat 黑客攻击；2015 年的 Ashley Madison 黑客攻击；请参阅 2020 年维基百科的数据泄露列表），到用于影响选举投

---

① 由劳拉·波特拉斯（Laura Poitras），格伦·格林沃尔德（Glenn Greenwald），亨里克·莫尔特克（Henrik Moltke）等记者报道。

票的复杂数据分析的曝光。这些事件都对现有政府与企业的 BDSTIs 实践——其构思、设计与实施可以回溯到 20 世纪 90 年代——造成了或多或少的破坏。特别值得一提的是,正如我在其他地方所论述的那样(Hasselbalch, 2019),由于 BDSTIs 遭遇的这种破坏与危机,早期数字化发展的大数据设想与思维模式可以被欧洲数字基础设施方案替代的想法与争论近来日渐甚嚣尘上。

欧洲数字基础设施的叙事

在欧洲,有一个遵循欧盟项目理念与利益而建构的空间,那就是"欧洲基础设施"——它使得欧盟成员国之间能够高效地联合协作。作为一个国家之间经济合作的载体,始终奉行单一市场理念的欧盟始建于二战之后。后来欧盟演变为一个围绕外交、移民与安全等领域政策开展合作的政治共同体。根据这一政治理念,欧洲的基础设施架构应该优先致力于促进欧盟成员国之间的相互合作,即欧洲公民的自由流动以及欧洲单一市场之内货物与服务的自由流通。因此,在欧洲政策语境之下,"基础设施"首先是一个政治术语,用于描述欧洲各国之间增强凝聚力以及实现社会经济合作的系统。例如,跨欧洲运输网络(简称 TEN-T)政策出台的目的就是"加强欧盟在社会、经济和领土方面的凝聚力"(European Commission A, 2020),其中涉及欧盟实体运输基础设施网络的实施与发展:截至 2017 年,已经先后兴建超过 217 000 公里的铁路、77 000 公里的高速公路、42 000 公里的内河航道、329 个重要海港和 325 个机场(European Commission B, 2020)。作为跨欧洲网络(简称 TENs)系统的一部分,TEN-T 网络同时涵盖能源与数字服务。这些项目通过"连接欧洲设施"计划而得以实施,其总值高达 300 亿欧元(2019),以补助、采购以及金融设施的形式实现"进一步整合欧洲单一市场"(European Commission C, 2019:6)的目标。从其政治目的视角来看,欧洲基础设施是一种用于支持欧洲共同体构想的举措。在欧盟中"从事基础设施工作"是一项战略性政治努力，从中衍生出了各种基础设施实践（例如工程与设计标准、建设、投资与监管），进而创建了全新空间。或者换句话说，这些基础设施实践构成了"欧洲基础设施"的"工程"单元与"意向"单元。

在 21 世纪 10 年代，欧盟官方战略当中越来越多地倡导将欧盟的实体基础设施与数字社会技术基础设施予以融合扩建，并在实践当中得到具体体现，比如相关政策的出台和大量资金的投入。《欧洲数字议程》将传统意义上分区而治的政策领域与监管框架融为一体（Valtysson，2017）。此处，"基础设施"这一术语仍然只是用于描述单一市场之内数字基础设施的技术方面。虽然并未明言，但实际上欧洲数字基础设施架构的社会经济单元已然逐渐成为欧洲政策与投资战略的重中之重。

2010 年，《欧洲数字议程》当中提出了"数字单一市场"的欧盟新举措："现在是建立全新的单一市场并以此实现数字时代红利的时候了"（European Commission D，2010：7）。数字单一市场的愿景回应了一种持续存在的分裂形势——据说这种分裂限制了欧洲在数字经济领域中的竞争力，因为谷歌、海淘、亚马逊和脸书等公司均"来自欧盟之外"（European Commission D，2010：7）。因此，该议程设想了各种广泛的基础设施实践，旨在创建并维持数字单一市场的竞争空间。其中一些是技术性的，主要涉及"互操作性"与技术标准的制定，或是关于"快速与超速互联网接入"技术的开发。此外，该议程当中还涉及一些非物质性的组成单元，例如确保欧洲人对数字化的"信任"，"数字时代既不是'老大哥'只手遮天，也不是'网络荒原'任人驰骋"（European Commission D，2010：16）。

2015 年，《欧洲数字单一市场战略》得以颁布实施，旨在进一步实现单一市场内部"货物、人员、服务与资本的自由流通"（European Commission E，2015：3）。时任欧洲委员会主席让·克洛德·容克（Jean-Claude Juncker）在介绍该战略之时，详细地阐述了其基本的政治目的与设想："我们必须充分发掘尚无边界的数字技术所带来的巨大机遇。为此,我们需要勇敢地打破在电信监管、版权与数据保护立法、无线电管理以及应用竞争法条等领域的国家孤岛疲敝。"(European Commission D, 2010：2)

随后,在 2016 年同时发布了两则通讯(《欧洲工业数字化：充分利用数字单一市场的优势》以及《欧洲云计划：为欧洲建立一个有竞争力的数据与知识经济》),充分强调了大数据的影响与作用,并且明确了欧洲 BDSTIs 的基本雏形。在第一则通讯当中,大数据被描述为工业革命的基础,同时也形成了对于欧盟科学家与工程师所构建的数据共享云基础设施的全新关注(European Commission F, 2016：2)。该通讯稿还大致描绘了在投资、政策与协调等方面发展数据基础设施的具体实践。在 2016 年的第二则通讯当中,则进一步提出了一个支持"欧洲云"发展的具体基建计划,并将其重点放在"欧洲数据基础设施"之上,同时明确将 BDSTIs 视为强化欧洲数据与知识经济以及充分发掘大数据潜力的重要保障。首先,BDSTIs 被看作是一个由各种技术组件构成的数据共享系统,具体包括"存储与管理数据的基础设施、传输数据的高带宽网络以及一个可以用于处理数据的渐强型计算机"(European Commission F, 2016：2)。然而,"欧洲云"不仅仅是一个技术型数据基础设施与结构,其设计之初是想开发大数据潜力,使得"数据在全球范围内打破市场、国界、机构与学科之间的藩篱而实现无缝传输、随时共享以及重复使用"(European Commission D, 2010：16)。

然而,在有了这些欧洲数据基础设施的初步设想之后,原本构建欧洲数字单一市场、进而成为全球市场当中数据基础设施的有力竞争者(类似于大数据公司)的愿景已经远远不够。它开始逐渐转变为：将这一欧洲数据基础设施与数字单一市场塑造为欧盟在全球竞争性数字市场中的关键差异化因素。在参与全球大数据经济竞争的同时,保留并保护欧洲人基本权利的愿望很快就在所谓的欧洲"第三条道路"当中得以调和，对此，我将在第4章予以更为详细的阐述。

因此，2020年欧盟又提出了一个总体的"欧洲数据战略"，其中提到一个"数据赋能型社会"，重新认识数据在社会中的作用——"数据将重塑我们的生产、消费与生活方式。从更有意识的能源消耗与生产到材料质量与食品安全的可追溯性，再到更为健康的生活方式以及愈加优渥的医疗条件，人们生活的方方面面都将受益匪浅。"（European Commission H，2020：2）。至于具体的基础设施实践如何操作，里面同样要言不烦，包括：提供资金与政策倾斜，以支持从业者与用户能力的提升；开展欧洲科学研究；整合技术数据结构与数据；制定具有可实施性的法律框架。从而确保欧洲BDSTIs的顺利推进。

欧洲公共政策制定中的数据伦理学

在2017年的一次公开研讨当中，欧洲议员索菲娅·英特费尔德（Sophia in't Veld）表示："我坚信在未来的几年当中，数据与隐私保护的伦理思考必将变得更加重要"（in't Veld，2017）。她谈到了欧洲关于数字数据以及数据保护监管政策的诸多讨论，彼时发展"欧洲"BDSTIs的提议在政策层面得以落实。她声称：你可以谈论法律层面的数据保护，但其实还存在"一种灰色地带，此间你必须做出伦理考量，决定孰重孰轻"（同上）。

自20世纪90年代以来，欧洲关于技术研发的伦理讨论以及"欧洲价值观"的政策研讨从未停歇。例如，欧洲理事会的《奥维耶多公约》就是由德瓦赫特（de Wachter，1997：14）所言的"欧洲传统价值观正在经受生物学以及医学革命性飞越所带来的威胁"推动。然而，"数据伦理学"在泛欧洲政治当中，尤其是在欧盟通用数据保护法律改革谈判的最后几年里得到了越来越多的重视。正如欧洲数据保护监管局（简称EDPS）数字伦理咨询小组（2018：5）在一份报告当中所描述的那样，其工作是"公共与私人领域的伦理问题引起的日渐关注,还有于 2018 年 5 月生效的《通用数据保护条例》(简称 GDPR)"。怎么回事?这种对于数据的伦理影响进行讨论与反思的需求是如何形成的呢?

早在 21 世纪初期,随着全球信息技术基础设施的发展,数据保护领域也发生翻天覆地的变化,越来越多的权力与利益介入这些日益复杂的技术与社会基础设施当中,旨在收集、传输并处理相关数据,这在欧盟《通用数据保护条例》谈判的年代表现得尤为明显。该条例被称为经受游说磋商最多的欧盟法规之一(Warman,2012 - 2 - 8),其中整合了经济实体、欧盟机构、公民社会组织、企业与第三国家公民利益等多方之间的利益博弈。

正如我在其他地方所述(Hasselbalch,2019),在有关改革的第一则通讯发出后的几年里,在各种会议议程、公共政策讨论以及报告指南中有关数据保护的讨论越来越多地提及"数据伦理"这一概念。2016 年颁布《通用数据保护条例》之后,拥有既定数据或数字伦理倡议与目标的欧盟成员国和机构数量急速攀升。例如,英国政府宣布拨款 900 万英镑用以资助数据伦理创新中心,旨在"就新兴数据驱动技术(包括人工智能)的影响向政府与监管机构提供建议"(英国政府,《数字宪章》,2018);丹麦政府成立了一个数据伦理专家委员会,我在 2018 年 3 月有幸成为其中一员,其直接目的就是向丹麦工业界提供数据伦理建议,并将可靠数据共享转变成为国家层面的竞争优势(丹麦商业管理局,2018 - 3 - 12)。欧盟几个成员国现有的和新建的专家咨询小组与委员会也都开始将"伦理"元素纳入其工作目标范畴之中。

在 2017 年的互联网治理论坛(简称 IGF)期间我进行的一次采访当中,一名荷兰议员描述了荷兰政策制定者在 2013 年应对数字化转型对于社会冲击的种种举措,他们将其视为一种"糟糕的"转变(采访,IGF 2017;Hasselbalch,2019)。当时她已经提出成立一个国家委员会来专门负责研究数字社会的伦理影响。正如她所告诉我的那样，"我们需要大家思考一下如何应对所有这些伦理影响，而不是轻描淡写地说一句'我不想要任何的伦理影响'。相反，我们需要更多地思考这些伦理影响是否存有好坏之分？我们是否有必要针对未来几年当中可能出现的所有伦理影响设定相应的限制条件？"

在欧盟《通用数据保护条例》生效以后，数据伦理倡议开始出现在许多有关公共政策的官方文件当中。其中，数据伦理被看作是对数字转型所带来的全新挑战的一种回应，同样也是评估各种决策的一种政策手段。创建这些"数据伦理协商空间"（Hasselbalch，2019）的目的是应对突发的诸多挑战与冲突。社会技术变革对于当下提出了全新的要求，而既有的法律规范已然无法针对当下的问题提供明确的解决方案。例如，欧洲数据保护监管局在 2015 年的一份报告当中指出："在当今的数字环境当中，仅仅遵守法律还远远不够，我们必须考虑数据处理的伦理维度"（p.4）。随后，该报告还阐述了各种欧盟法律原则（如数据最小化、敏感个人数据与授权等概念）遭遇大数据商业模式与方法的诸多挑战的境遇。诸如此类的描述强调了新型数据基础设施所带来的不确定性等问题。同时，欧洲的政策制定者开始将数字数据过程视为社会权力机制的重要组成部分。因此，信息社会当中的政策制定也日益被视为资源分配以及社会经济权力分配的方式，正如时任欧盟竞争总署委员玛格丽特·维斯塔格（Margrethe Vestager）于 2016 年数据伦理智库（DataEthics.eu）在哥本哈根举行的关于数据即权力的活动上所言："我很高兴有机会与大家就如何处理数据所带来的权力问题进行讨论"（Vestager，2016 - 9 - 9）。

信息社会中的权力

在 21 世纪之初，"信息社会"已然成为一个被广泛认可的术语，同时也是一个颇具影响力的全球战略政策焦点话题。最值得注意的是，这一政治议程在联合国信息社会世界峰会（WSIS）期间获得了普遍认可。2003年,第一届峰会在突尼斯举行,其目的就是凝聚共识并且采取具体政治举措,为建构一个具有包容性的信息社会奠定基础,兼顾"所涉及的不同利益"(信息社会世界峰会,2013)。鉴于当下面临的数字革命正在改变社会的不争事实以及随之而来的危机感,全球各个政府在联合国组织的第一届多方利益主体论坛上齐聚一堂,共同拟定一个政治议程,以应对快速发展的信息社会所带来的社会、经济与文化影响。

原本的自然"状态"正在遭受破坏,我们每时每刻都能体会到世界的变化,虚拟边界与实体边界的二元切分正在瓦解,治理模式也亟待变革。全球政策环境对于这种转变也有所应对,并为其做出了相应的调整,还有多位学者也详细地描绘了"信息"基础型社会的种种特殊性。弗兰克·韦伯斯特(Frank Webster, 2014)将这些对于信息社会的关注概括性地描述为信息的优先考量。尽管对于这种信息优先考量的含义以及信息在社会中发挥的作用众说纷纭,但他认为,这本质上就是一种对于当代社会的新型认知方式(Webster, 2014:8)。他研究了介绍信息社会的相关文献,并且找到了五种具体定义。虽然这些定义之间未必彼此排斥,但每个定义均从不同的视角出发强调了信息在社会当中扮演的全新角色。从技术视角出发给出的定义关注的是社会中某些"新技术"的演变,例如计算机和IT技术。从经济学视角出发给出的定义则侧重于信息活动的经济价值。从职业视角出发给出的定义更强调信息岗位的增加。从空间视角出发给出的定义研究了信息网络在重塑时空方面的作用。而从文化视角出发所给出的定义则更关注与日俱增的媒体依赖型社会与技术信息环境(Webster, 2014:10-23)。

在这里,我想从另一个不同的视角来介绍信息社会的特殊性。与其从信息优先考量视角出发,不如从横向上将所有这些构成信息社会的不同定义兼顾考虑在内,在新兴技术介入的时空之内,实现权力的二次分配,即我所提出的BDSTIs和AISTIs。因此,我将对空间的技术演变进行探讨，它不仅仅可以用于信息交流，实际上还是一种全球权力系统的架构。

最初，技术发展拓展了我们的空间体验（Kern，1983）。例如，一个人的声音可以通过电话同时存在于两个不同的地方。之后，随着无线技术的引入，这种即时性体验被扩展到了对整个世界的即时感知。

在21世纪之初，就是在列斐伏尔1974年描述商业图像、标识与物品所组成的全球空间短短数十年之后，全球地理空间的数字化升级就已完成。例如，谷歌地图服务功能已然把空间转变为具备卫星图像、航空摄像、街道地图、360°全景街景图以及实时交通状况与路线规划等诸多功能的数字数据基础设施。

聚焦于数字化地理信息演变（其中谷歌地图就是典型代表），社会学者弗朗西斯科·拉彭塔（Franceso Lapenta，2011）提出了"地理媒介"一词，用来描述谷歌地图与谷歌地球等基于地理位置的新兴服务形式。它们基于大数据与信息交换将地理空间、虚拟空间以及用户的本地体验融合在一起。他将其描述为中介空间，作为一种"全新的组织与监管系统"，该空间能够表征并组织社会互动（Lapenta，2011：21）。人们将它用作社会化导航工具，可以帮助减少全球信息系统的复杂性，使之成为可控的社会化信息互动（Lapenta，2011：21）。作为21世纪信息社会的一种技术示例，地理媒介将人们在身体、社会与个体维度的体验以及物理空间与位置信息转化为支持共享的数字数据，将其整合到虚拟基础设施的设计空间架构当中，二者不再泾渭分明。因此，不但我们的空间体验感发生了转变，而且诚如拉彭塔所言，地理媒介还管理着社会行为与人际沟通，并且对社交互动予以协调平衡。正如传播学者约舒亚·梅罗维茨（Joshua Meyrowitz，1985）在他的里程碑式杰作《消失的地域》当中所描述的那样，新兴的全球与地方信息电子化具有重塑社会现实与物理现实的属性。"信息系统"通过新型的信息获取方式改变了我们的物理环境，进而重构了我们的社会关系。

文化地理学家大卫·哈维（David Harvey）使用"时空压缩"（Harvey，1990）这一术语来描述人类经验的转变，从而在日益全球化的世界中对时空进行表征。所谓的"通过时间消灭空间"（Harvey，1990：241）是指在旅行时间与成本方面缩短空间距离，这可以称作是一个微缩世界地图，代表了时空客观属性的转变。哈维认为，人类通过"制造空间"、占据并使用空间的过程将其征服，并且对这些空间的占用受到特定法律制度的保护——这些法律规定了人类对社会当中控制的空间所拥有的不同权利。借此，还构成了既定社会的内部与外部空间边界。可以说，它们是由人类思想占据的空间，而这些思想则塑造着社会进程与实践（Harvey，1990：258）。这样来看，时空的转变还具有维持权力的功能——它强加给社会实践的结构表征了特定社会当中权力的强大力量。哈维认为，"时空压缩"与微缩世界地图不仅是技术进步的后果，更重要的是，它们是19世纪资本主义与工业化扩张当中嵌入利益的外在表现形式。因此，17世纪的空间被人类向往"美好社会"的思想所占据，当时的人们致力于通过合理的时空排序来建立一个保障个人自由与人类福祉的社会。相反，在他看来，"时空压缩"得以催生主要是为了资本运作，并因此被赋予即时性、暂时性、碎片性、瞬变性与一次性等特征（Harvey，1990：286－307）。

为了探讨那些构成权力的实体与虚拟形态、形式、方向与取向的基础设施实践，我们可以借用哈维提出的"空间"理念，该空间允许不同的想法与利益予以积极"占用"。这种形式的占用存在于一个由权力的想象和象征性实践所构成的空间之中，并以非常具体的形式成为我们在社会当中为自己设计与创造的物质空间的既定属性。也可以说，在21世纪之初，我们的空间具有一种非常具体的权力形式，它具有全球性与地方性架构，在特定的商业和政治思维以及对于信息技术的作用、机遇和挑战的理解当中构思而成。另一位研究信息社会的学者曼纽尔·卡斯泰尔（Manuel Castells，2010）认为，IT革命一定会写入史册，它与18世纪的工业革命可以相提并论。他用"流动空间"（资本、信息与技术、组织互动、图像、声音和符号的流动）一词来描述"网络社会"中权力的具体运作形式。在这种社会之中，主要的社会功能均是围绕网络而得以组织（Castells，2010：407－459），而这种流动的架构恰好构成了权力的转型（Castells，2010：445）。

　　具体而言，"流动空间"共有三层。卡斯泰尔将第一层称为"物质支持"，由全球技术信息网络中的"电子交换电路"构成（Castells，2010：442），这也是加速人员与货物流通的基础。第二层则由"节点与枢纽"组成（Castells，2010：443）。支持流动空间的网络并非"无立锥之地"，而是围绕着具有"明确的社会、文化、物理和功能特征"的电子链接"场域"而得以组织运作（Castells，2010：443）。它们各司其职，或为交流或沟通"枢纽"，或为"节点"。其具有战略意义的功能在于它们之间不断发展的不同层次之上。流动空间的第三个物质层涉及占据主导地位的"管理精英"所创造的空间组织与形式，其出发点在于把社会看作是"围绕每个社会结构所特有的主导利益形成的不对称组织"这一基本理念（Castells，2010：445）。

　　这个三层"架构"构成了社会持续转型的基础，并且也正是在其设计当中，我们可以读到"社会更深层的发展趋势——虽然无法公开宣布，但却足以在砖头瓦块、混凝土木、钢铁玻璃当中有所现形，同时也使人们在以上述形式所居、所营与所信时有所感知"（Castells，2010：448）。

　　在卡斯泰尔看来，社会权力就集中在技术网络的信息架构中。它不再局限于特定的区域，而是分布在信息流基础设施的设计之中："信息流的力量优先于权力的流动"（Castells，2010：500）。因此，连接抑或断开与流动空间的联系就成了网络社会当中掌握权力的第一步，而第二步则是积极地参与全球基础设施的设计与塑造。

监控社会中的伦理

　　权力在信息社会架构的网络与流动当中发生转变。关于大数据的政治与叙事开始被嵌入基础设施建设当中,并且催生出大数据社会中社会技术权力的特殊形态。

BDSTIs 就是融合在我们空间架构中的一种权力形式。然而,它们并非人类生命蓬勃发展的解放空间。大多数时候,它们在维系社会主流主体权力的同时,将其他主体置于不利地位。这种现状几乎无法抵抗,也很难改变,特别是数据基础设施的设计本身就默认对于个人数据的跟踪与监控,同时限制公民的自由与自主。换言之,我在其他地方所说的"命运机器"(Hasselbalch,2015)在一般的国家行为和商业实践当中加速整合,生成一个具有复杂性与先进性的数据权力社会机器,它可以引领、指导并界定人类生活。就是为了解决这些特定权力结构所带来的伦理挑战,权力的数据伦理学才应运而生。

"命运机器"是一种通过个人数据积累来预测人类行为,并且可以据此采取行动的技术系统与程序。人类每天都在与这些大数据"机器"互动,它们能够通过跟踪、审查与分析人类"数据副本"记录以及存储的过去与现在的数据来预测人类行为(Haggerty and Ericson,2000)。这样一来,人类生活就被框定并指向特定的方向。在设计端,"命运机器"专门用于生产机器可读型人类;在生产线的另一端,它对个人的命运进行如法炮制。事实上,"命运机器"生产、创建、影响并界定了个人的命运。我们甚至可以说,"命运机器"预设了个人的宿命,这就是当下我们面临的变革:"命运机器"成为实体机器的组成部分,甚至可以被直接售卖、交易(Hasselbalch,2015)。在这个机器系统当中,人类生活变得"可编程"(Frischmann and Selinger,2018),并且仅在监视组件的筛选结构中具有意义(Lyon,2010)。

实际上,"命运机器"并不关注人类生活与身体。它对人类的生活根本不屑一顾,因为在其监视组件当中只有我们的"数据副本"具有意义。或者换句话说,它只对"数据副本"的"数据衍生物"(Amoore,2011)感兴趣。正如政治地理学教授路易丝·阿穆尔(Louise Amoore)所描述的那样,"它不是以我们的身份为中心,甚至也不是以我们的数据对我们的描述为中心，而是以对我们身份的想象与推理为中心——以我们的倾向与潜力为中心"（Amoore，2011：24）。

这就是社会学家大卫·里昂（David Lyon）所说的"监视社会"（Lyon，2001，1994），或者更具体地说，一个由社会技术"数据流"（Lyon，2010：325）维持的"流动监控社会"（Lyon，2010；Bauman and Lyon，2013）。"流动监控"与杰里米·边沁（Jeremy Bentham，1787）所提出的著名术语"全景监狱"以及米歇尔·福柯（Michel Foucault，1975，2018）的"全景敞视主义"所描述的监控形式有所不同。全景监狱与全景敞视主义被集中整合在社会空间架构当中，并作为一种意识上的自律而得以强制实施。"流动监控"与显性的集权型中高（sur）视角无关（Bauman and Lyon，2013），而是嵌入数字基础设施当中，呈现出网络化与分布式特点，并通过监控者与被监控者之间越来越大的距离得以维系（Galic et al.，2017）。"流动监控"具有隐秘性，往往具有自下而上的属性，同时与个人生活部分交织，因而捉摸不定，让人难以应对（Lyon，2010）。值得注意的是，监控并非例外，而是监控社会中人类生活和体验的一种常态。这是一种基于"数据监控"的文化（Lyon，2018），是对个人数据的系统性监控、跟踪与分析（Bauman and Lyon，2013；Clarke，2018；Christl and Spiekerman，2016）。"流动监控"以"组件"的形式得以呈现，并将人体从数字化"数据副本"当中抽取出来，这些数据既可被用于政府控制目的的审查，也可用于商业交换以谋求获利（Haggerty and Ericson，2000）。

在监控社会之中，权力主体的转变也意味着将伦理审查的焦点从传统意义上具有专断监控权的政府扩展到通过积累、跟踪并获取大数据而获得权力的商业利益相关方。实际上，监控是一个"监控-工业复合体"，正是国家与私营部门主体之间的社会技术融通关系使得监控成为可能（Hayes，2012）。我们的私人生活变成了一个容易受到情报收集活动影响的公共-私人空间。虽然这些情报收集活动通常合法合规,但却不合伦理(Røn and Søe,2019)。这种权力机制的转型就是一个关键的伦理问题,因为它涉及个人(公民/工人)和那些在数字网络中收集并处理数据的大数据公司之间日渐加剧的信息不对称性(Pasquale,2015;Powles,2015 - 2018;Hasselbalch and Tranberg,2016;Zuboff,2014 - 9 - 9,2019 - 3 - 5,2016 - 3 - 5;Ciccarelli,2021)。正如特兰贝里(Tranberg)和我在我们的合著当中所阐述的那样,"最大的风险在于不透明的数据市场在个人与企业之间形成的不平等的权力平衡"(Hasselbalch and Tranberg,2016:161)。

哈佛大学教授肖莎娜·扎博波夫(Shoshana Zuboff,2019)将"监控资本主义"描述为一种资本主义逻辑的积累,该逻辑将人类心理与经验商品化,以满足市场运作与科技巨头的商业目标。她对于监控资本主义方面的研究在 21 世纪 10 年代末引起了公众对于谷歌与脸书等强大的硅谷工业主体相应角色的普遍关注。她主要关注的是这些新型数字监控的商业形式对于现代民主制度结构的重塑方式,并对这种权力形式给出了非常具体的描述:

> 谷歌的两位创始人并不享有投票与民主监督的合法权利,亦不具备股东治理权,但却控制了全球信息的组织与展示方式。脸书的创始人,同样没有投票与民主监督的合法权,抑或股东治理权,但却控制了日益普遍的社交联系方式及其网络当中隐藏的相关信息。(Zuboff,2019:127)

大数据伦理

针对大数据与算法的权力采取数据伦理关照的迫切呼吁主要体现在对于当代社会技术监控与对于权力机构的批判性研究当中。里昂强调了发展"监视伦理学"(Lyon,2010:333)的紧迫性[这也是他在与社会学家和哲学家齐格蒙特·鲍曼(Zygmunt Bauman)对话之时提出的"监控伦理学"],旨在应对"监控的政治现实"(Bauman and

Lyon，2013：20）。他们确定了这一伦理学需要解决的两个主要问题：一是他们用鲍曼的术语"广教化"（Bauman，1995）提到的——把道德从监控的系统本身与过程中抽剥出来；二是人类与其行为后果之间的距离（Bauman and Lyon，2013：7）。这是一个非常实际的应用型数据伦理学范式，是一种"大数据实践的伦理学"（Lyon，2014：10），旨在重新探讨日益暴露的个人与 BDSTIs 开发机构之间的不平等权力分配。正如里昂后来直接在引用 2013 年斯诺登丑闻事件时所言：

> 我们需要评估监控的伦理工具，需要对隐私的重要性形成更为广泛的认识，需要将其转化为政治目标的诸多实现方式。而且，在这样做的时候，我们必须清楚地知晓我们正在努力建构怎样的世界。我们如何了解更好的世界是什么样子？（Lyon，2014）

对于监控社会监控架构研究目的就是揭示社会技术组件当中全新的权力构架，并且寻找其中的权力主体。埃里克·斯托达特（Eric Stoddart）认为，作为披露话语权的监控研究构成了一个伦理学的调查方法（Stoddart，2012：369）。其中，他考察了两种从伦理上评估监控的方法。第一种是"话语式披露"法，旨在"揭示当下事态以及备选替代行为的可能性"（Stoddart，2012：372）。他指的是一种福柯式伦理——伦理调查涉及监控实践，而非一个单一过程，因此他强调伦理学是一个释放与反思的过程。正如他所描述的那样，"这种话语式披露法向我们与他者同时揭示了自己先前一无所知的情况——我们一直以来生活工作的条件以及自身可能正被盘剥的种种方式"（Stoddart，2012：372）。第二种方法是他所说的"权利驱动"法。该方法参考了一系列人权工作，提出要对"那些具有监控权力的人问责"（Stoddart，2012：369）。这里，我们可以想到由 21 世纪大型数字技术平台塑造的"平台经济"的新型权力主体。可以说，它们改变了传统的个人权利保护模式的结构性与充分性（Belli and Zingales，2017；Wagner et al.，2019；Franklin，2019；Jorgensen，2019）。

据此，法律学者尼尔·理查兹（Neil M. Richards）与乔纳森·金（Jonathan King）（2014）在"大数据伦理学"的基础之上，提出了更具包容性的权利驱动分析（Richards & King，2014：393），指出了以牺牲"个人身份"（Richards & King，2014：395）为代价而对那些具备大数据能力的机构赋权的伦理影响。这样一来，当我们把大数据社会的分布式权力关系作为实施隐私权条件之时，我们也可以更好地将隐私视为一种"情境性"的存在（Nissenbaum，2010）——它在群体当中产生并生效。因此，保护隐私是一种集体责任，而非个体责任（Tisne，2020）。

我对权力的数据伦理学基本思考的素材均来自这些对于数据填充式社会技术环境的监控特性描述。BDSTIs 和 AISTIs 的空间结构均是有意维持权力的不对称而得以设计，它们不仅强化了现有的权力机制，其实也在创造着新的权力结构与权力主体。商业主体凭借数据积累以及利润和（或）控制驱动型数据设计而获得了权力，进而挑战了传统意义上的国家权力。

权力的数据伦理学就是为了应对大数据社会中权力的这种全新自然状态才产生的，它呼吁各界对于数据系统进行可替代设计与落实。但更为重要的是，权力的数据伦理学希望存有不同类型的数据文化（我在第 4 章将会提到这个术语）。在这里，"监控资本主义"（Zuboff，2019）很好地概括了资本与商业主体的角色与权力结构。然而，这一概念并未涵盖大数据社会的权力结构以及文化的"流动性"（Bauman，2000；Bauman and Haugard，2008；Castells，2010；Lyon，2010；Bauman and Lyon，2013），而这些正是权力的数据伦理学需要解决的问题。换言之，尽管这种权力在使用、设计、治理与构思方面的（监控）文化（Lyon，2018）当中日益自洽、不断改造并持续进化，但这种权力始终还是集中在少数权力主体之中并为其所设计，因此很难改变，但却并非不无可能。在我看来，正是由于这种权力的"流动性"，我们需要一种综观型数据伦理治理方法以应对大数据社会当中的诸多问题与挑战。

数据权力的非对称经验

在新冠疫情期间，全球在线数据地图（例如约翰霍普金斯大学的新冠疫情实时地图）对死亡病例与阳性病例的红色区域进行了监测与分类。同时，将致命病毒无序移动的异质性模式具化为"红色区域"的人口或社区遭遇的隔离与排斥经历（Xu et al.，2021）。

在21世纪，所有生命都是全球监控构架的组成部分，因此突然被权力控制的风险体验也成了人们的共同经历。数字信息的短暂性与不稳定性意味着我们都将暴露在风险之中，无一例外。然而，社会结构数据权力成为一种常态和确定性所带来的直接体验并不新鲜，同时也绝非同质无异（Lyon，2007；Browne，2015）。

正如西蒙娜·布朗（Simone Browne，2015：10）在描述非裔美国人遭遇的监视经历时所说的那样，"监视对于美国黑人来说并不新鲜"，他们在整个历史上一直被监视、虐待与奴役：

> 与其将监视看作是由新技术［例如自动面部识别或自动驾驶汽车（或无人机）等］带来的某种新鲜玩意儿，不如将其视为一种长久以来一直存在的东西——这就要求我们考虑种族主义与反黑色人种主义是如何支撑并维持我们目前秩序中的监控体系的。（Browne，2015：8）

历来固有的不平等在权力的数据系统当中同样挥之不去。强大的工具落入主导者手中，而那些一无所有的弱势群体仍然是专断性权力系统的控制对象。他们不会成为"管理精英"（Castells，2010），充其量只可能在恶劣的工作条件下担任收入微薄的内容审核员（Chen，2014 - 10 - 23），并为提供数据资源而殚精竭虑（《无障碍倡导》，2020-5-3）。他们也鲜有可能成为数字赋权的主体。而且，正如我在本章末尾所要阐述的那样，在提出并制定解决方案与治理方法之时，他们鲜有发言权。

从全球范围来看，国家与地区之间存在"信息丰富"与"信息贫乏"之别。许多发展中国家甚至没有经历过自身经济社会的数字化信息革命。因此，这些国家与地区的民众只能以自身丰富的数据作为交换，使用脸书公司提供的基础网络服务 FreeBasics（《无障碍倡导》，2020-5-3）。此时，"贫富"差别再次决定了个体对于专断权力的接触与体验水平。正如政治学家弗吉尼亚·尤班克斯（Virginia Eubanks）所言，美国社会福利供给当中的自动化决策是19世纪贫民窟的一个复杂演变体（Eubanks，2018）。数据权力与歧视性对待弱势群体的例子可谓俯拾皆是，随处可见。2020年在英国，一种算法在给单个学生评分时把学生所在学校的历史表现纳入进来予以加权处理，导致大型公立学校毕业的学生成绩暴跌千丈，而收费较高的小型私立学校毕业的学生成绩则扶摇直上（Hern，2020-8-21）。在荷兰，政府机构使用的欺诈检测系统 SyRi 也主要应用于低收入社区（AlgorithmWatch，2020）。

现如今，我们都拥有一个从人体当中抽象出来的数字化"数据副本"（Haggerty & Ericson，2000），它有可能被政府用于审查与控制，也可能在商业交换中被出售谋利，并且也可能成为数字暴力与虐待的直接对象。然而，"数据暴力"（Bartoletti，2020）的直接经历在日常生活当中通常不会人尽皆知。例如，丹麦女性埃玛·霍尔滕（Emma Holten）描述了自己的私密照片在未经她本人同意的情况下在网上肆意传播的经历，其后多年还能收到无数男性带有恶意"物化"形式的粗暴侮辱（Holten，2014-9-1）。女性是色情照片在线报复以及对于个人私密生活的侵犯性散布等恐怖经历的主要受害者。其他数据压迫的经验直接与个人的种族身份有关：黑人在网上常被用来指代"死亡"，"垂死"，"拘禁"（Noble，2018），"色情"（Noble，2018），"犯罪"（Sweeney，2013）。与之类似，具有特定种族生物标志的个体往往更容易被定义为丑陋不堪（Levin，2016 - 9 - 8）。对于一些人群来说，这些早已成为他们日常生活中的家常便饭。

在西方社会，虽然监视技术因其对于民主公民权利的挑衅而让人不屑，但也总有一些受人认可的例外情况，允许监视技术被设计并应用于管理特定的风险，从而解决社会问题。例如，当一个社会将一个特定的群体或社区定义为需要解决的"问题"时，数据技术与系统就被设计为运用尽可能复杂的方式针对这个问题寻求解决出路。生物识别技术与系统也不例外。在欧洲，整个"第三国家公民"或"无国籍"群体（难民和移民）被认定为欧洲的"移民危机"之源，并因此建立了一个遍布各处的移民与边境管理系统。例如，当寻求庇护者或移民越过边境之时，他们的指纹就会被收集到一个专门设计的EURODAC 数据库当中，用于记录"未经授权"进入某个国家的情况。此外，在办理签证和公民身份申请或移民手续（包括庇护手续）等方面，已然建立了一个集中系统——ECRIS-TCN 系统——用于互相交换第三国家公民与无国籍人士的刑事定罪数据。ECRIS-TCN 支持对指纹数据处理，从而完成身份识别。在撰写本书之时，人们期望面部图像也成为 EURODAC 数据库和 ECRIS-TCN 系统的一部分，从而借助面部识别技术进行身份识别（Wahl，2019 - 9 - 10）。2020 年的一项监管提案甚至建议将 EURODAC 中儿童生物识别数据的收集年龄从 14 岁降至 6 岁（Marcu，2021 - 4 - 29）。虽然数据权力越来越外显化、公正化、复杂化，但权力机制本身却并未发生改变。我们可能都身处"流动监控"之中，但并非所有人都体验到其真实的一面。

数据伦理学有发言权吗？

2020 年，网飞发布的纪录片《智能陷阱》揭示了大型科技公司给我们日常生活所带来的种种伦理影响，通过这个全球最火的在线媒体服务平台触及更为广泛的受众群体。尽管可以将该影片看作是一次重要的批判，但其中所揭示的问题似乎异常新奇，让人大跌眼镜。这是一个仅由北美主人公讲述的故事，主要通过"损害控制"模式为白人男性发声。暴露在数据权力面前的群体沉默显得十分扎眼。全球民间社会运动的沉默同样如此。这部电影对于来自世界各地不同文化与地区的关键变革主体丝毫未提，而他们几十年来一直致力于揭露大型科技公司在全球范围内专断的数据权力，并且思考如何对其予以取缔、出台法律以及提高公众认识。

权力的数据伦理学不仅关乎权力，它本身就是权力，它是提出问题、定义问题、提出并创建问题解决方案的权力，它也是赋予人们拒绝接受数字监视架构的物化以及作为主体发出反对声音的权力。然而，当提出解决方案之时，我们很少听到那些被数据权力支配的人的声音（Levin，2019 - 3 - 29）。比如，在纪录片《智能陷阱》当中，在机房里负责为"伦理问题"提供"解决方案"的工程师是白人男演员文森特·卡塞瑟（Vincent Kartheiser），他穿着白色西装，操着一口流利的北美口音英语。

当浏览了一些遭受过极其残酷的数据权力侵犯的个人描述之时，我发现，遭受侵犯体验的核心是一种在权力面前的无力感——无法言说、无法反抗。正如埃玛·霍尔滕在描述她的私密照片在网上传播的经历时所言：

> 将女性作为情欲对象来满足自身欢愉而不考虑她们的感受，这在网络空间里简直就是家常便饭。（这句话由作者翻译并加以强调）（Holten，2014 - 9 - 1）。

由于成绩加权算法当中引入了所在的公立学校的历史表现，英国学生劳拉·霍奇森（Laura Hodgson）因此得到的成绩比她预期与应得成绩更低，她在给政府的一封公开信中表达了她的这种无力感：

> 作为一名 A 等生，鄙人刚刚得知考试成绩，特此致函。这是一个系统强加于我身上的结果，我对自己所得到的成绩深感震

> 惊与难过。对此,我连一点发言权都没有,而且还得带着这样有
> 失公道的成绩继续过活。(作者加以强调)(Gill,2020 - 8 - 13)。

不能为自己发声不仅会引发一种无能感,而且还常常引发对权力和数据滥用的强化的恐惧感,因为从弱势立场发声代价巨大。美国黑人罗伯特·威廉斯(Robert Williams)因面部识别系统的错误匹配而被警方逮捕,他在一篇专栏文章中写道:

> 与其他任何人一样,我对发生在我身上的这件事自然非常气愤。正如其他任何黑人一样,我必须考虑到如果自己问太多问题或公开表达我的愤怒情绪会引发什么后果——即使我知道我没有做错任何事。(作者加以强调)(Williams,2020 - 6 - 24)

这一点在政治当中也非常明显。成为一位极具知名度的女性政治家就意味着很可能会频繁成为网络空间“不文明讯息”的靶子(Rheault et al.,2019)。

因此,权力的数据伦理学不仅可以发声,还可以是一种如金的沉默——只有在我们努力寻找并将其包含在协商空间中时才会有所回响。如果我们认真倾听,我们就会发现那些满怀个人体验的声音提供了极具价值且细致入微的解决方案与出路。在经历了三年网络暴力之后,埃玛·霍尔滕决定重新正视她的身体,并创造她口中所说的“关于我身体的新故事”。通过在网上分享一组全新的照片,她为自己的裸照发出了自己的声音——掌握自我身体的主体性(Bødker,2014 - 9 - 1)。当时,在线隐私的风险在欧洲互联网治理的多轮探讨中主要被抽象地认定为对市场与民主的威胁,并且其解决方案在探讨之时往往伴随唇枪舌剑,甚至有时以质疑大多数技术设计与法律要求的形式而显得咄咄逼人。作为一种与众不同的声音,埃玛·霍尔滕基于自身作为女性在网络上所遭遇的数据侵犯与歧视经历参与了这场讨论,并且留下了深刻的印记。这里,我想说的是,当社会与个人体验被表达出来之时,我们能够看到不同个体之间的细微差异,

我们会重述自己的问题,并尝试找到全新的解决方案。例如,在探讨在线社会技术基础设施背景下隐私受到挑战的方式之时,技术就显得至关重要。须考虑"堆栈问题"、"应用要求"、"去中央式"技术基础设施、"不对称升级"以及"隐私生物识别",以解决民主与市场当中宏观权力失衡的问题。然而,"技术讨论"往往似乎对于数据的文化体验并不感兴趣,因此忽视了实现变革所需的复杂社会技术过程中的细微差别。

为了应对密集数据收集与处理的暴力性和压迫性影响(包括剥夺机会、歧视与文化歪曲),所需的变革常常来自个人与周围人的亲身体验。他们的声音往往不是最响亮的,这个声音深知数据滥用的体验,但未必理解数据的技术细节(包括数据设计与数据分析技术),因为这些技术在设计当中没有自己的发言权。为了重新获得权力,这个声音重新参与到讨论当中,并用自己的话语体系解读数据行为。他们的表达方式往往与西方世界存在差异,或者带有严重口音,但却同时拥有来自世界多个地区的丰富体验。重要的是,这个声音不会没头没脑地接受大数据与人工智能系统复杂问题及其影响的技术性解决方案,这是因为数据滥用并不是一个技术问题,而是一种关乎社会维度、文化维度与历史维度的体验——尤其是个人层面体验——的综合性问题。

在下一章中,我将探讨"数据伦理治理"。这一概念的核心是建立在一个关键性价值协商空间之上,其特点是在治理过程中纳入多个主体。其要点在于清楚认识数据伦理治理的基础是不同利益相关方之间的权利条件。因此,将利益相关方纳入进来并非易事。例如,我曾经在互联网治理的公共政策讨论中长期致力于年轻人的融入与赋权问题,在这一过程中,我认识到仅在政策专题讨论中加入年轻人很难引起太大的变化。另一方面,在我们为年轻人举办的研讨会与焦点小组调查当中,他们可以与同龄人畅所欲言,我们也从中为自己所参与的互联网治理政策进程收集到宝贵的意见(例如,见

Hasselbalch and Jørgensen，2015）。我们在协商治理空间中所创造的诸多条件对于有意义地参与和展示包容具有核心意义。我们要欢迎并接受具有不同经验的个体以非传统的方式提出各自的想法，这些想法可能在传统治理背景下难以理解，而且可能不为传统习惯所欢迎。但是，他们自身的真实故事对于我们提出问题以及寻找相应的解决方案都是一种挑战。我们必须接受一点——不同的观点与论述对于治理有益无害，因为这将有助于重塑问题陈述的条件。在社会治理技术变革的过程中，参与其中的方法可谓成百上千，同时也应该确保多元意见能够被听取并采纳。很多时候，这不仅仅是简单地组成代表团体或提出相关倡议的问题，它还涉及赋予公共社会团体以及少数群体获取资源的权利，进而拥有与塑造 AISTIs 和 BDSTIs 制度政治的强大利益团体展开角力的能力。

第 2 章

社会技术变革与数据伦理治理

> 争议出现之日就是道德与法律应运而生之
> 时。当我们不能像往常一样自然而然地度日
> 行事之时，当我们照旧处理日常事务不再得
> 心应手之时，抑或当我们必须移风易俗之时，
> 我们就发明了上述两个概念。
>
> ——理查德·罗蒂（Richard Rorty，1999）

哲学家理查德·罗蒂(1999)将道德描述为对于关系扰动或者变化所做出的一种回应。当我们的习惯遭遇挑战之时,并且当我们质疑自身曾经耳熟能详之物的社会建构之时,"我们才会强制自己去探讨其他概念的效用"(Rorty,1999:86)。换言之,伦理反思并非来自超验性理想,它在与其他被动转化与并举之物的关系之中才能得以彰显。

在本章中,我们将探讨数据伦理学在社会技术变革与治理当中的作用。在我们的日常生活中,我们对于社会技术基础设施司空见惯,也因此认为其存在理所当然。它们并不具备明显的道德与伦理妥协空间。然而,一旦它发生崩溃、失灵或与其他法律道德系统发生冲突,其中隐匿的道德妥协就会显露出来。正如我们在前一章当中所看到的那样,当一个系统的叙事变得清晰可见之时,也就意味着相关博弈时刻的到来——它将引导新式系统的发展以及旧式系统的转化。从时间的宏观尺度出发,我们可以识别出发展型社会技术系统中容易引起社会技术变革的"伦理治理"时刻。正如我在本章中所论述的那样:这些时刻存在于社会危机与社会整合之际(Hughes,1983;Moor,1985)。这些博弈时刻至关重要,因为它们是社会博弈的有机组成部分,并且构成了社会技术系统发展所需的文化妥协或"技术动量"(Hughes,1983,1987)。它们对于创新与发展阶段而言,同样意义重大,因为它们改造了旨在解决自身关键问题的社会技术系统。

在21世纪10年代,BDSTIs 和 AISTIs 在公共机关与私营部门当中得以迅速研发并被采用,其社会与伦理影响以同样的速度变得人尽皆知。因此,这些社会技术系统的设计在政策制定与公共研讨当中遭遇了愈来愈多的质疑,同时还出现了全新的技术设计与商业模式,并且人们提出了相应法律要求与社会期许。这一过程还涉及要为信息计算科学家在 BDSTIs 与 AISTIs 上的工作制定一个全新的参照模式,其中包括一个由标准与法律组成的新式制度化框架——能够直接解决数据工作所带来的伦理与社会影响。当下,我们正处于一个"中间时刻",此时,BDSTIs 与 AISTIs 现有技术文化中的关键社会技术问题变得十分灼目,利益与价值在"数据伦理的博弈空间"中被不断评估和权衡。因此,特别是在欧洲,"伦理学"与"可信"技术的概念已然在政治、创新与新系统的发展当中有所整合。

社会技术变革

技术系统如何发生变革?什么构成了社会技术转型?社会技术变革不仅是系统的任意演化,其中还包括各种接受人类塑造、指导与治理的组成部件。在本书当中,我们想更多地了解人类伦理将如何影响社会技术发展的轨迹与走向。但是,为了实现这一变革,我们需要一个概念化基础,以便理解组成社会技术变革的诸多复杂要素。

首先,技术可以被看作是一种社会实践的表达方式,它诞生于技术、物质、社会、经济、政治与文化融合环境中人类与非人主体(抑或因素)之间的动态互动当中(Hughes,1983,1987;Bijker et al.,1987;Misa,1988,1992,2009;Bijker and Law,1992;Edwards,2002;Harvey et al.,2017)。

例如,互联网构成了一种应用型科学与知识,这些科学与知识写于模型、手册与标准当中,并由工程师与编码人员亲自实践。与此同时,互联网也是在多元文化背景之下使用的结果,体现了社会期许、法律要求、政治规划、经济议程以及文化取向与世界观。换言之,技术或科学过程并非客观存在,亦非自然事实抑或自然状态的表征。相反,这些过程与事实受制于自身在历史、文化与社会背景中的定位，而且也可能因此而遭遇种种挑战。

科学知识与实践的范式转变

理解变革的方式之一就是审视技术设计与开发中所投入的基础知识、科学与工程实践所涉及的范式转型。托马斯·库恩（Thomas Kuhn，1970）的成名之作就是研究了形成科学范式转变的诸多历史因素，也就是他口中所说的"科学革命"，彻底打破了以往被尊为"正统科学"的传统惯例（Kuhn，1970：6）。在库恩看来，某个科学领域之所以发生重大变革，不仅仅是一个理论证伪另一个理论的问题，也并非因为取得了重大的科学进展。科学范式的转变还涉及看待世界的方式差异以及相应的科学实践区别（Kuhn，1970：16）。因此，科学革命涉及科学实践当中基础性知识范式的转变。库恩从知识的特定概念性、观察性和工具性应用的视角对特定科学社区中的科学实践进行了描述（Kuhn，1970：43）。换句话说，科学范式代表了在特定的科学社区中根据特定的社会文化世界观、优先级设定进行科学研究的方式。这就意味着，当某个领域出现"科学革命"之时，变革不仅发生在科学层面，根本性变革还发生在特定科学社区所认定的高价值问题、该领域的"科学构想"以及科学应用的教育与工具性环境当中等。因此，科学范式的转变意义重大，可谓极具革命性，因为它们颠覆了常识，不仅创造了全新的理论，而且还提出了崭新的实践范式、标准与方法、工具与目标（Kuhn，1970：6）。科学范式的转变可谓"惊天动地"，它通过改变我们既定认知范畴当中的问题、目的、形式与方向等根基来逆转常态认知。就像爱因斯坦描述他所发起的物理科学革命的早期时所言："仿佛大地突然塌陷，放眼望去，看不到任何的坚实基础，也没有任何的立足之地"（引自 Kuhn，1970：83）。这些纷繁复杂的变化不仅涵盖了如何实践与构思某个科学领域的新常态，而且也包括了这种新常态在社会当中的治理方式，因此需要探究全新的科学实践方式、方法与标准。

变革的复杂性

当我们去探讨诸多制度化标准,研究构建技术系统的个体在基本世界观与知识框架维度上如何发生转变,并且关注技术实践如何经历变化之时,从科学范式转变的视角思考技术变革就会大有裨益。然而,如果我们的分析仅仅锚定于作为应用科学表现形式的技术组件的变革的话,那就相距甚远。当类似于 BDSTIs 与 AISTIs 这样的大型社会技术基础设施在社会当中经历变革与发展之时,各种复杂的社会、政治、经济、文化与技术因素同样会介入其中。理解技术变革就意味着从博弈(及其代表的妥协)视角出发,识别出其中所隐藏的这些复杂性成分。正如科学技术学者维贝·伯杰克(Wiebe E. Bijker)与约翰·劳(John Law)曾经说过的那样:

> 技术总是具有妥协性。每当设计或建造一个人工制品之时,包括政治、经济、材料强度理论、有关美丑贵贱的认知、专业偏好、偏见、技能、设计工具、可用原材料、关于自然环境行为的理论在内的因素都会融入其中,各自发挥相关作用。(Bijker and Law,1992:3)

了解构成社会技术系统形态的各种因素也会使得人类能够引导它的升级改造。其中的一种方式就是探索社会技术变革中嵌入的不同利益以及它们之间的冲突与博弈。这也就暗示着需要对争议与冲突时刻进行深入探究。此时此刻,技术系统的核心问题得以确认;问题的解决方案、系统成败得以协商;社会技术系统发展的优先事项与目标得以设定(Hughes,1983;Hughes,1987;Misa,1992)。这些争议时刻过后,社会技术系统稳定下来,进而得到普遍认可,并在社会当中得以固化。可以说,它再次进入一种全新的稳定状态。正是这种对于技术变革条件的关注才使得技术发展与社会应用轨迹可以为人所控。正如弗朗西斯科·拉彭塔(Francesco Lapenta)所言,未来

"并非任意而为，而是一系列复杂决策与主体互动的产物，它们有可能形成许多不同的未来情境——有些概率很小，有些概率则很大，还有一些则是可望而不可及"（Lapenta，2017：154）。换言之，当下我们一旦涉及技术发展博弈，就会冲突不断（例如，我们在 21 世纪 10 年代有关 BDSTIs 与 AISTIs 的公开研讨当中所见），必须将这一点视为关乎未来抉择的重要反思。我认为，对于我们所做出的关于不同价值与利益之间的伦理妥协与权衡的反思应该是这些争议时刻的核心内容。

社会技术变革的四个阶段

社会技术系统的转型可以通过不同构件的历时演变模式来研究。从宏观维度出发把控发展，可以允许我们在开放时刻进行批判性干预——塑造社会技术系统的发展方向。

关于大型社会技术系统变化的一个关键理论就是托马斯·休斯（Thomas P. Hughes）针对 1880 年至 1930 年间全球电力系统发展与扩张阶段的分析。通过描述这一发展过程中不同阶段所涉及的经济、政治、社会和科学等复杂因素，他从普遍意义上说明了技术系统如何以各种模式与嵌入环境中的各种利益进行动态博弈。

休斯认为，尽管大型社会技术系统所建之处不同，所建之时各异，所处阶段不一，但是其升级与扩展均遵循同一模式，即均历经以其主导活动为特征的几个阶段：发明、研发与创新阶段，转移阶段，成长阶段以及最后的竞争与整合阶段（Hughes，1983，1987）。

发明、研发与创新阶段：第一阶段的特点是发明家与企业家一起构成了系统发明以及初期研发的关键推动力。

转移阶段：在第二阶段，重点转移到将技术从一个地区与社会转移到另一个地区与社会的过程。这个阶段所涉及的主导变革者，除了企业家与发明家之外，还包括企业的金融家与组织者等关键主体。

成长阶段：在第三阶段，一系列主体（包括企业家、发明家、工程师等）致力于纠偏并同时寻找解决"反向突角"的出路，这些问题一般均被认定为阻碍系统成长的关键问题。

量、竞争和整合阶段：一个大型社会技术系统需要一种"质量高、速度快、方向准"的发展动量。这种动量是在社会整合阶段由嵌于系统中的不同利益创造而生。（Hughes，1983：14-15）

值得一提的是，在描述 21 世纪 10 年代后期 BDSTIs 与 AISTIs 蓬勃发展之时，大型技术系统的第三阶段与第四阶段最有意义。首先，休斯提到了"系统之争"——新旧系统同时并存，二者处于一种"辩证性紧张"的关系之中（Hughes，1983：79）。他将第三阶段描述为一个冲突与出路并存的时刻，这些元素不仅存在于工程师之间，同样也涉及政治与法律范畴（Hughes，1983：107）。此时此刻，关键问题就会浮出水面，不同的利益博弈协商，最终找到共同解决方案，从而引导系统实现升级。

在整合阶段之前的成长阶段，"反向凸角"被看作关键问题。具体来说，"反向凸角"是指在一个不断扩展的系统当"不能与其他部分协调共进的组件"，当系统朝着一个目标进化之时，一些组件可能会脱落。（Hughes，1983：79）。因此在这个阶段，人们也关注问题的识别，并由不同的主体提出并协商解决方案。新系统的出现或旧系统的转型，正是从这一阶段发现并解决的问题当中演变而来。"反向凸角"可能是技术问题，也可能是财务问题抑或组织问题。一旦确定，一群"问题解决者"（从发明家、工程师和管理人员到金融家和法律专家）就会接手并为其打造解决方案（Hughes，1987：74）。"反向凸角"可能来自技术系统内部抑或其直接环境，但问题的关键在于其受到时空限制（Hughes，1983：80）。换言之，系统的关键问题不只是要在技术层面得以解决，例如在技术标准与系统要求上达成一致，而且还牵涉政治与历史因素。与库恩相比，休斯并未将冲突解决阶段描述为必然的变革阶段。变革的形式并非是简单地由不兼容的备选范式取代第一范式。系统变革常常以"融合"的方式进行，以新旧系统之间的"耦合与合并"的形式完成，这些系统在数十年内逐步发展，涵盖技术层面与制度层面，逐渐把相关利益从一个系统转移到另一系统（Hughes，1983：121）。只有在"反向凸角"无法在当下系统之内得以解决的情况下，才需要研发一个全新系统并力求在研发过程中予以解决（Hughes，1987：75）。

现在，我们将休斯关于社会技术变革（特别是第三和第四阶段）的描述应用于 21 世纪 10 年代末的 BDSTIs 与 AISTIs 发展中，就会发现明显相似的模式。在 21 世纪 10 年代之初，全球大数据数字基础设施遍布各地，打破了地理与行政区域的限制，这对于传统意义上的领土边界构成了挑战（参见 Hasselbalch，2010）。最为深刻的是，隐私与个人数据保护的法律权利同样受到这个全新技术支持的跨域空间的挑战——在数据技术与系统的设计当中需要实施不同程度的保障措施。于是，不同地区保护隐私的法律框架与保护数据中的商业或国家利益的法律框架之间就出现了矛盾冲突，各种涉及保护隐私的设计与系统被提出并用于解决"旧系统"中的关键问题。

正如前一章所述，21 世纪 20 年代中期，在斯诺登揭露了美国大规模监控丑闻以及在线服务重大数据遭受黑客攻击（例如，2013 年社交网络服务 Snapchat 遭遇的黑客事件，还有 2015 年婚外情网站 Ashley Madison 遭遇的黑客事件）之后，有关隐私权与个人数据保护方面的关键问题愈加惹人关注。这些关键问题由活动家、吹哨人和新闻记者联合披露并予以确定，同时由来自世界不同地区的工程师与政策制定者拣选出来，他们〔如卡斯帕·鲍登（Caspar Bowden）、马克思·施雷姆斯（Max Schrems）等人〕会据此提出、设计并施行相应的技术与法律解决方案。在这里，我们可以思考休斯对于"反向凸角"的描述，它指一个系统当中与该系统的其他部分不一致或不和谐的组件，这些组件阻碍了该系统整合到社会之中（Hughes，1983：79）。比如，BDSTIs 与 AISTIs 在此时出现的关键问题——尤其是涉及个人数据与隐私保护的问题——确实阻止了BDSTIs在社会当中的深度整合，并直接引起了不同地区对于技术研发的法律治理方法与这些系统背后商业行为之间的冲突。这些就是BDSTIs的"反向凸角"，它限制了全球大数据系统的成长与固化。更为重要的是，它限制了自身在社会中解决与商业利益、公民利益、国家机构利益、政治利益以及地区利益等多方利益冲突的动量。

例如，在美国硅谷地区研发出来的一系列大数据社交网络服务，在21世纪的前10年，几乎在立法者注意到之前就已经染指全球了。因此，在21世纪10年代，这些网络服务已经在欧洲民众的社交与私人生活中悄然固化下来［例如，44％的欧洲人在2011年表示他们从未使用过社交网络服务（Eurobarometer 76），而在2019年秋季仅有28％持这种观点（Eurobarometer 92）］。这些服务代表着两个截然相反的目标，二者之间彼此水火不容：一方面，连接并促进信息交流、人际沟通与社交生活；另一方面，也为公司提供了微观目标客户营销的全新手段。基于上述种种原因，在大数据商业模式的支持者与新兴隐私保护设计的商业社会运动之间就出现了矛盾以及关键问题的博弈空间（Hasselbalch and Tranberg，2016）。这一过程带来诸多影响，其中之一就是出台了欧洲通用数据保护法律改革——于2012年至2016年之间协商并出台了更为严格的数据保护法律条款。

总体而言，21世纪10年代中后期被称为"系统混战"期，在这一时段，新旧系统在技术、法律、文化以及社会组件维度上同时存在于一种"辩证性紧张"关系之中（Hughes，1983：79）。BDSTIs与AISTIs的"反向凸角"在政治和公众舆论当中尤被视为现有系统数据处理与设计在伦理与社会维度上的关键问题。换言之，"反向凸角"被作为一种社会技术问题予以处理。因此，在21世纪10年代末，除工程师可以提出解决方案并予以协商之外，越来越多的新型科学家与专家也将人文学科、社会科学、哲学与数据科学结合起来，然后参与到博弈当中，从而确定关键问题并且给出带有应用伦理学色彩的解决方案。这些解决方案可以看作是对于 BDSTIs 与 AISTIs 特有伦理挑战的一种回应。因此，这时也就形成了社会伦理价值的博弈，这些价值塑造了 BDSTIs 与 AISTIs 技术动量的方向："质量好、速度快、方向准"（Hughes，1983：15）。

政策真空中的伦理

1985 年，道德哲学教授詹姆斯·穆尔（James H. Moor）预测了即将发生计算机革命。重要的是，他认为计算机在社会中广为应用将"给我们留下政策与概念真空"（Moor，1985：272），这将产生特定形式的伦理反思与价值博弈。穆尔提出，计算机革命可以分为两个阶段，具体表现为我们即将提出的相应问题。在第一个"引入阶段"，我们将提出功能问题：特定技术在实现既定目的之时，其功能表现如何？在第二个"渗透阶段"，当制度与活动经历转型之时，我们会就事物的本质与价值进行提问（Moor，1985：271）。

我建议基于穆尔对于计算机革命及其政策真空的描述，结合休斯的社会技术变革理论，一起理解数据伦理在治理与政策制定当中的作用。穆尔所描述的政策真空指出了核心的问题与挑战，这与休斯所说的"反向凸角"大同小异。然而，与其说它们是技术系统特有的问题，不如说是技术或技术系统的引入对特定社会环境及其既定政策、规范和标准所带来的挑战。这样一来，必然引起概念混乱与不确定性，因此我们也就面临着全新的行动选择（Moor，1985：266）。我们过去的已知知识与当下的未知知识之间形成了鲜明的对比，这就迫使我们反思自我珍视的东西。换言之，技术系统（计算机）和我们习以为常的现有政策之间的冲突将迫使我们"发现并明确自身的价值偏好"（Moor，1985：267）。这就意味着在技术改变现状并与既定政策发生冲突之际，伦理反思势在必行，并且需要找到用武之地。

我们需要承认，自身在这些时刻做出的伦理妥协就是社会技术变革中治理成果的一部分，它们构成了塑造技术动量的文化妥协。

以 21 世纪 10 年代后半期在欧洲推出的数据伦理公共政策倡议为例，它并非欧盟所明确要求解决的伦理问题的具体方案。相反，它所表征的是一种"博弈空间"，此处的价值系统得以明确并且价值冲突得到协商。这些仅仅是政策倡议而已。在 21 世纪 10 年代后期还出现了其他几个关键的"博弈空间"，它们特别对 BDSTIs 与 AISTIs 及其主要利益相关方的权力提出了批评。例如，2018 年谷歌员工通过罢工抗议该公司的女性待遇；2020 年英国学生示威抗议 A 级自动评分系统。这些都是对于变革而言至关重要的"伦理时刻"，此时此刻，我们习以为常的规范与价值遭遇诸多挑战并被重新协商，因此替代方案也就应运而生。

治理

通过对"社会技术"的分析，我试图勾勒出构成社会技术变革形态的技术、社会、文化与经济等各个部分的融合体，刻画出这种情况之下的伦理之用。充分了解多元因素的复杂性是指导变革的必要条件。正如伯杰克与劳（1992）所言，技术并不代表它们自身的内在逻辑。作为一系列异质因素的具体化，技术同时也历经锻造，甚至被迫"压制"而成某种"非预期性"形式（Bijker and Law，1992：3）。换言之，正如我之前所说，这是一个关于技术发展与变革的基本观点——BDSTIs 与 AISTIs 的升级演变就属此列，因为它对于人类开展治理充分赋权。

为了实现变革，我们需要实施社会技术治理，超越对于 BDSTIs 与 AISTIs 升级所涉及组件的单向分析。如果我们想用人类利益来影响 BDSTI 技术动量背后的利益，那就不能孤注一掷地依赖"伦理设计"型技术组件的研发。单单依靠提高公众意识与教育，或者仅仅通过监管要求以及给出全新的系统需求标准，我们也无法实现变革。我们需要一种个性化的分布式治理方法——每一项活动都以组件的身份嵌入整体，共同应对复杂的社会、文化与政治环境中所隐匿的机遇、风险以及伦理问题。

此外，作为塑造者的"我们"并非只是在一个领域中发挥作用的单一主体（Mueller，2010；Brousseau and Marzouki，2012；Epstein et al.，2016；Harvey et al.，2017；Hoffman et al.，2017）。立法者是治理方面的主体，但技术系统同样参与其中——它们也具备积极的社会秩序组织与治理权力（Reidenberg，1997；Lessig，2006），同样的还有技术系统的用户、工程师和设计师（Winner，1986；DeNardis，2012）。

在接下来的互联网治理讨论当中，我们将看到社会技术变革"治理"是一个复杂的异质性过程。这也是我们思考"数据伦理"在治理中的运用时应遵循的方式，即我所说的"数据伦理治理"。在多重主体与秩序构成的复杂文化过程中，当数据工程与设计实践的既定规范以及价值遭遇来自"非传统的"数据伦理问题的挑战之时，自下而上的反思性方法（而非自上而下的方法）就会在关键时刻应运而生。

互联网治理

只要存在基础设施，就必然存在相应的治理。规则制定、秩序要求以及集体行动的共享框架永远都是一个正常运作的社会技术基础设施的核心（Star and Bowker，2006；Bowker et al.，2010）。从非常基础的技术层面来讲，如果没有共享框架，系统技术组件就不会彼此联动，系统也会因此崩溃抑或停止演化。这一点同样适用于法律框架，例如，关于保护与共享数据以及保护个人隐私权的法律都涉及这个问题。只有在共享框架的基础之上，它们才能在最基本的应用层面发挥作用。换言之，虽然在一个系统发展的关键时刻，不同价值之间的协商、利益冲突以及系统之间的博弈可能代表了共享治理议程的不确定性，即"政策真空"（Moor，1985）；然而，一个功能良好的基础设施若想真正发挥作用，那就需要达成一定程度的一致性。这也是斯塔尔和鲍克(2006)所说的不同组件之间的"握手言和"。因此，一个运行顺畅的基础设施并非法律、文化或技术等不同框架各自为政、相互冲突。相反，它总是表现为相互妥协或者其他标准臣服于一种标准。

互联网是大规模信息基础设施的一个典例，显然它需要通过技术以及政策与法律标准的制度性共享的全球治理，从而保障自身高效运转。同样，在20世纪90年代初，万维网的出现引起了网络自由主义者对于独立公共场域的想象——此间，公民可以通过"去集中化"和"不可治理"的数字网络信息架构摆脱国家治理的压迫感(Mueller，2010：2)。由此，一种自下而上式的人本伦理型全新治理概念产生了。正如约翰·佩里·巴洛(John Perry Barlow)在其1996年发表的《互联网独立宣言》中所写的那样：

> 我们相信：治理观念会从伦理、理性的自我利益以及共同利益当中出现。我们的各种身份可能出现在诸多辖区之内。我们所有这些子文化普遍认可的唯一法则就是"金科玉律"。我们希望能够在此基础上构建自身特定的解决方案，而不是接受外部试图强加给我们的解决方案。(Barlow，1996)

诸如此类有关技术解放以及摆脱制度治理的想法在互联网这一全球社会技术信息基础设施的形成时期一直存在(Mueller，2010：1-13)。然而，在21世纪的前10年里，传统政府与政府间机构在全球舞台上的政治角力与博弈达到了全新高度，一些法规与政策倡议被引入互联网背景下的新社会技术领域治理中(Brosseau and Marzouki，2012)。互联网并非是个体解放、"不受任何管制"的自由区，它仍然具有共享的治理架构，但是别具特色。这一全新公共领域治理并非一国之事，官方政策对这一点的认可日渐明晰。

新的治理主体，包括工程师和企业、互联网用户及其社区(Mueller，2010；Brousseau and Marzouki，2012；DeNardis，2012；Epstein et al.，2016；Harvey et al.，2017；Hoffman et al.，2017)在内，可谓层出不穷，并在互联网治理政策讨论当中频频发声。最重要的是，大型企业在设计在线平台的同时，也在为其制定规则与行为准则（Aguerre，2016；Belli and Zingales，2017；Franklin，2019；Jørgensen，2019；Wagner et al.，2019)。因此，在21世纪初，公共政策领域引入了诸多涉及多个利益方的治理制度与倡议。例如，联合国互联网治理论坛(简称IGF)在2003—2005年间最初的信息社会世界峰会(简称WSIS)进程当中得以成立的。尤其在当下社会，由于公民社会与技术社区利益相关方参与其中，问题的解决方案远远超出了纯粹的互联网技术设计范畴(Brousseau and Marzouki，2012)。例如，人权问题正被逐渐纳入官方议程。

许多互联网治理研究都聚焦于互联网治理的动态性，以及"如何"治理一个崭新的全球性跨区域社会技术信息基础设施(Mueller，2010；Brousseau and Marzouki，2012；DeNardis，2012；Harvey et al.，2017；Hoffman et al.，2017；Epstein et al.，2016)。因此，大多数互联网治理学者都认同这样一种观点，即互联网技术架构本身带来了全新的治理模式，并因此打乱了传统的集中式治理形式。例如，互联网治理专家米尔顿·米勒(Milton Mueller，2010)描述了互联网作为技术架构对于国家治理施加影响的种种表现方式。互联网跨境通信技术架构本身就意味着，试图强制实施额外的管辖架构需要付出额外的努力。此外，庞大的信息生成、收集与检索架构使得传统政府难以应对的大规模通信具有了可能性与可行性，这就迫使政府改变政治治理进程。另外，去中心化和个性分布式互联网架构对于权力进行了重新分配，新的跨国机构(例如互联网名称与数字地址分配机构ICANN)形成了一个新的权力中心，负责关键问题决策(Mueller，2010：4)。最终，互联网通过整合媒体并创造全新的通信方式，能够降低成本、强化群体行动实现了史无前例的跨区域合作、组织与动员，进而对"政治体制"进行改造(Mueller，2010：5)。基于这些观察,米勒通过术语"治理"而非"政府"来将焦点从民族国家主导的传统集中式规制和社会秩序之上转移开来。互联网的全球社会技术基础设施的确扰动了民族国家治理进程,但这并不意味着它可以规避约束与重塑。这只是意味着治理的"等级性与权威性"有所减缓而已(Mueller,2010:9)。

互联网治理学者一直特别关注两件事:第一,在官方制度层面上首次尝试协商一个支持共享的全球互联网治理方法;第二,随着21世纪之初发起WSIS进程以及随后由不同国家在全球范围内每年举办IGF,在全球政策制定当中将信息社会描述得愈加清晰。(Bygrave and Bing,2009;Mueller,2010;Flyverbom,2011;Brosseau and Marzouki,2012;Epstein,2013)。此外,一种由科学技术学(简称STS)启发而来的方法也找到了用武之地,被频繁地用于分析社会当中互联网社会技术形成过程中所出现的诸多治理主体及其复杂模式(Epstein et al.,2016)。结果发现,许多不同的治理组件在塑造社会技术系统(法律法规、文化规范与习惯、教育、工程实践手册、标准以及资助计划和行为准则等)的方向上发挥着重要作用。

爱泼斯坦(Epstein)等人(2016)勾画出了以科学技术学为基础的互联网治理方法的关键点。首先,存在"多种"治理模式,它们在不同的平台上大展拳脚,并遵循一系列不同的"规范系统"(从法律、技术到社会实践)得以实施并固化。其次,技术基础设施具有"非人类"能动性,它不仅对社会秩序予以组织,同时施加控制。此外,"治理"不仅仅表现为人类社会的繁文缛节(如规定与政治议程),还体现为人类社会当中隐匿的"一般性实践"。它塑造了"技术的设计、监管与使用"。更为重要的是,它的关注点在于"作为结构化行为过程的争议",其中不同利益方的利益得以明示与博弈会揭示出它们之间不同的治理思路。最后,在承认众多参与"互联网治理"主体的作用之时,特别是在互联网决策与治理的背景之下以个人主体(从用户到产业)身份参与其中之际,科学技术学方法就提出了一种"多利益方"的概念(Epstein et al., 2016：6 - 7)。

珍妮特·霍夫曼(Jeanette Hoffmann)等人(2017)引入的"反思性协调"这一术语就是为了将互联网治理中的这些异质组件涵盖其中：

> 我们对于治理方法提出了一种颇具颠覆性的视角转变：我们认为，与其慢悠悠地将监管视角逐渐延伸到民族国家、公共决策以及正式政策工具之外，不如将互联网治理视作一种持续的异质性调整过程——它们没有明确的起点和终点，可谓无处不在(Hoffmann et al., 2017：1412)。

这种治理表现出一种"中介性"特点，具体发生在国家自上而下有意引导的(新旧)互联网治理主体(包括国家、工程师、用户、民众、科学家与技术产品)异质性的、混乱无序的活动中，同时考虑到它们彼此之间盘根错节的有意或无意的"多重秩序"(Hoffman et al., 2017：1410)。通过关注不同主体的协调与关联方式，它们之间的复杂性与多样性就变得清晰可见。这种治理的具体协调活动可能司空见惯，表面上看起来平平无奇。然而，它们确实创造了一种社会秩序(Hoffman et al., 2017：1412)。只有在各种规范、假设与情景解读发生冲突的关键时刻，这种惯习性秩序协调才会上升为反思性的("反思性协调")(Hoffman et al., 2017：1412)。

我希望利用互联网治理领域的这些反思经验，深度探索数据伦理学在 BDSTIs 与 AISTIs 社会技术变革"治理"当中所扮演的角色。作为应对互联网特定架构的产物，数据伦理学不但描述了新兴的法律治理模式，同时自身也得到了相应的强化。这是一种对于社会技术变革的引导，兼具制度设计上的工程化属性与文化实践上(例如工程师与用户的文化实践)的非工程化特点。这里的治理也可以理解为"开放式"的，它并不存在起点、终点抑或我们希冀引导而来的解决方案。即便是法律变革，它也不单单是一个边界清晰的协商过

程——起于提议，终于新法——它还包括后续的评估机制以及其他
干预手段（Brøgger，2018）。

在这里，我还想把关键时刻与冲突时刻整合到一起。前者发生
在简单性协调活动转化为"反思性治理"（Hoffman et al.，2017）之
时；后者在休斯看来存在于技术系统发展当中，此时，"反向凸角"被
认定为系统的关键问题，并且不同系统之间出现了辩证性紧张关系
（Hughes，1983，1987）。正如米尔所描述的那样，它们也构成了一种
伦理情境，此间，鉴于社会层面的颠覆性技术（如计算机）所造成的
"概念混乱"与政策框架的不确定性，协商解决问题的主体更加关注
概念活动以及对于事物性质与价值的阐述（Moor，1985：266）。换言
之，这些时刻就是不同关系中出现伦理反思之时，即罗蒂（Rorty）所描
述的"争议出现"之际（Rorty，1999：73）。这些就是我所提出的数据
伦理治理学本质，同样也是权力的数据伦理学当中的治理工具。此
时就是常态世界观、规范、数据实践和文化之间发生冲突的时刻，这
些冲突迫使我们对于自身假设的社会结构进行特定性反思；相应地，
也就出现了针对替代性数据政策与实践的伦理反思（Moor，1985）。
换句话说，当数据工程与设计实践所使用的既定规范与价值遭遇挑
战之际，"非传统的"数据伦理问题被揭示出来之时，全新的政策、策
略与解决方案就会应运而生。这些关键文化时刻（我将在第4章中予
以详细阐述）均以基于价值治理的形式显现出来，其特点就是包含了
BDSTIs 与 AISTIs 数据当中的利益主体。这也是雷尼（Rainey）与古
戎（Goujon）（2011）所描述的"伦理治理"方式——一种带有反思性的
而非自上而下的方法，其中特别考虑到了伦理反思的条件：

> 我们所需的是这样的一种方法：首先，它可以提供评估标
> 准；其次，它以一种更有趣的方式来厘定各种条件，不仅包括伦
> 理反思的条件，而且还包括能够确定伦理问题、伦理规范的构建
> 条件及其具体采用与实施的种种条件。（Rainey and Goujon，
> 2011：54）

可持续性与数据污染问题

在 2017 年谷歌年度开发者大会上，首席执行官孙达尔·皮柴（Sundar Pichai）重申了谷歌公司秉持的"人工智能优先"使命，将机器学习作为一个广义概念融入谷歌的所有平台，以便增强视频、搜索、电子邮件以及移动电话等所有服务功能①。在《快公司》（*Fast Company*）杂志的一次采访当中，皮柴将这种把人工智能放在所有谷歌产品首位的做法看作生命存在般的启蒙时刻："人工智能将会日渐扩大规模，或许可以揭示宇宙的奥秘……这将是我们作为人类所要做的最重要的事情"（Brooker，2019‐9‐17）。

在 21 世纪初，如此包罗万象、壮怀激烈的人工智能方法并非仅为谷歌独有。这一点在 BDSTIs 与 AISTIs 的日常实践当中同样不言而喻。当初研发与采用这种方法之时，完全是出于一种紧迫感，这与 20 世纪 90 年代对大数据的构想的紧迫感大同小异。也正是通过这种方式，BDSTIs 升级为具有先进技术数据系统的 AISTIs，能够实时感知数据化环境，并能够基于大数据训练自主学习，最终实现自主或半自主进化。AISTIs 装备了社会组件，促进公共和私人领域不断进步并融入其中，同时它们已经在 IT 实践的系统标准与数据保护的监管框架当中实现部分制度化。然而，就像本书所述，到了 21 世纪 10 年代末，人们愈加关注人工智能与大数据的可持续性价值、自主人工智能系统的伦理影响以及大数据的负面社会影响，同样这些担忧也开始悄然进入工程界。因此，2019 年在谷歌年度开发者大会上，谷歌公司负责创新的业务主管珍·真纳伊（Jen Gennai）告诉开发者们："我们确定了四个技术禁区。我们不会建造或部署武器；也不会部署我们认为违反国际人权的技术"（引述自 Brooker，2019‐9‐17）。不过，并非所有听众都相信谷歌公司的人工智能伦理方法。正如一位参会

① 请参阅孙达尔·皮柴在谷歌 2017 年年会上的演讲：https://events.google.com/io2017。

者对在场的记者所说:"我觉得咱们得到的信息尚且不够充分……他们告诉我们'不用担心,这个都在掌握之中',但我们都知道他们根本没有'掌控'"(引述自 Brooker,2019 - 9 - 17)。

如果想要管理 BDSTIs 与 AISTIs 的社会技术演变方向,我们必须考虑到一个错综复杂的关系网络,其中包括推动特定科学技术发展的不同世界观与想象力。一位谷歌开发者大会参与者对谷歌公司良善意图的怀疑,就是 21 世纪 10 年代后期"系统之争"这一争议时刻出现的征兆,这场"论争"对于人工智能与大数据技术实践的先前惯习构成了根本性颠覆,主流价值也难逃此列。因此,虽然大数据与"人工智能优先"的思维架构与理念仍在推动 BDSTIs 与 AISTIs 不断发展,但其也愈加面临其他基于"价值"的方法的挑战,例如"隐私设计""伦理设计""人本导向""可信人工智能"以及"可持续人工智能"等。

我的观点是,我们可以把这样的时刻,即基础价值阐释与博弈的最关键时刻,视为治理的有效组成部分。这是能够引导社会技术系统演变的新政策与新方向的关键时刻。我们为应对此类争议或危机所明确制定的价值观往往具有极大的社会权力,因为这关系到我们的身份归属以及去处。这也是伦理学发挥关键作用的时刻,此时,伦理学体现着对于那些与其他竞争性利益博弈的人类价值的显性文化的反思作用。正是在这些文化价值被转化成具体的技术解决方案、科学、创新形式、文化运动与政策之时,最重要的社会技术变革得以发生。然而,这绝非是个一帆风顺的过程,实则非常缓慢,有时需要数十年的时间,并且在多个主体参与之下才能完成。

例如,试着回想下"环境可持续性"这一概念是如何在过去 50 年当中问世成形,它是为了应对物理环境污染而得以提出的。想想看,这些可持续性价值观以及对于地球未来和代际公正的关注又是如何成为法律政策框架的全新动力? 例如,20 世纪 70 年代出现的国内(际)环境法律与合作(如 1972 年的第一届联合国人类环境会议)就是很好的例子。对于环境与可持续性价值观的关切使得一些行业发生了翻天覆地的变化（例如汽车行业），并且推动了"绿色科技"等新兴行业与新态科学问世。现如今，公司需要塑造"环境友好型"形象并实施举措，不仅是因为必须遵守环保法规，更是因为作为一个公司，保护环境并采取可持续发展模式是一种明智的商业路径。这既是投资者的需求与法律的要求，同样也是客户的期待以及整个社会的期许。

现在再来考虑一下数字技术对于环境的影响。首先，数字技术、数据存储与处理对于我们的自然环境影响巨大。据估计，2019年它们在全球温室气体排放中的份额达到了 3.7%（The Shift Project，2019）。例如，数据中心占用全球总电力需求的 1%（并在稳步增长中）。其中大部分增长要归功于亚马逊、谷歌与微软等大型大数据公司的云计算（Mytton，2020）。再来看一看数据密集型技术用于自然语言处理的大型人工智能模型时（例如机器翻译），其碳消耗是普通人一年碳用量的七倍之多（Strubell et al.，2019；Winfield，2019 - 6 - 28）。

尤为重要的是，我在这里还想提一下大数据对于社会与个人环境的影响。计算机安全与隐私技术专家布鲁斯·施奈尔（Bruce Schneier）使用"数据污染"这一术语来描述大数据技术与系统对于隐私的影响。他认为这是我们这个时代的一个核心环境问题：

> 这种潮水般的数据所带来的就是信息时代的污染问题。所有的信息处理都会产生数据。如果我们对其置之不理，它将永续存在。成功处理它的唯一方法就是通过立法来规范其产生、使用以及最终的处理。（Schneier，2006 - 3 - 6）

因此，我们可以（也应当）把"数据污染"视为大数据对于自然环境、社会环境以及个人环境所产生的复杂性负面影响。然而，在BDSTIs 与 AISTIs 的早期历史当中，社会以及对当下"数据污染"负有责任的各个公司的"环境意识"远远落后于它们对其他形式环境问题的关注。

公司的环境意识与可持续价值观往往与其对健康生态系统的具体影响密切相关,而后者的生死存亡往往取决于诸多不同组件之间的微妙博弈。自 20 世纪 60 年代以来,各行各业(如交通运输、制造业和能源业)对于自然环境污染影响的认识已然逐渐转化为法律法规、技术标准以及强势的社会要求。例如,现如今要求公司使用能源标签,达到 ECO 设计标准,并随时监测和系统改善其环境表现,同时客户也要求"生态友好"型产品。然而,面对"数据污染"对于环境的负面影响,同样的缓解工具——社会期待与法律法规——尚未被研发出来。我们还需要更好地了解自身"数据生态系统"的构成与平衡。

让我们来看一些具体实例。在 2014 年,脸书的数据科学家对689 003 名随机选择的脸书用户进行了一次大规模的调研,通过向其新闻提要板块推送积极或消极的故事,监测他们的情感反应(Kramer et al.,2014)。这件事在曝光后,社会各界一片哗然,导致脸书的一位发言人立即对此公开道歉。然而,这个道歉并没有涉及这一数据实验的"环境影响"。换言之,它并没有涉及脸书公司使用数据的伦理问题(如操纵不知情用户的个人生活抑或对于数据保护的法律方面影响)。事实上,她只为实验的"沟通不畅"表示歉意而已。正如她所说,这些关于用户数据的实验只是例行公事:"这是公司为了测试不同产品所做研究的一部分,这就是事实"(Krishna,2014 - 7 - 2)。在诸如此类(脸书用户数据调研)存在伦理法律硬伤的操作曝光多年之后,在批判性数据记者与科学家多年的调查努力下,现在这些公司在数据科学实践当中存在的伦理问题、法律问题,以及对于用户个人环境的不利影响可以很容易被识别出来。因此,社会对于诸如此类的披露的要求与反应也愈演愈烈。尽管如此,我们仍然没有找到能够像处理其他传统环境问题那样的治理工具,以缓解这些环境风险。

这里可以再举一个例子,该例子涉及一家公司对于环境污染的公开揭露。但是，这个例子中的公司面临的是更加成熟的环境法律框架。2015年，大众汽车公司被发现使用了先进的软件来欺瞒污染排放测试，并允许大众汽车排放的污染物高达标准值的40倍。这一事件被公众视为全球范围内的重大丑闻。大众汽车公司不仅造成了更多的污染，影响了我们的自然环境，而且还堂而皇之地操纵数据使得这一切行为得以为继。丑闻曝光之后，大众汽车公司立即被迫召回数十万辆汽车；在股票交易所，大众汽车公司的股价一天之内便蒸发了150亿欧元。一位首席执行官对此公开道歉并且随后引咎辞职，同时全球各国政府纷纷要求大众汽车公司采取召回行动。（Topham，2015-9-25）

下面，我将用自己的话重述一下《卫报》当时描述大众汽车丑闻的部分文字内容，以此创作一个虚构的例子，模拟一个假定的大数据公司DD Mobile在未来应对"数据污染"丑闻时的类似反应：

> 在被发现使用先进软件非法监控用户并且允许其设备收集高达标准值40倍的数据之后，DD Mobile公司被责令召回欧洲地区的482 000台设备。新成立的欧洲数据保护局（EDPA）声称，DD Mobile公司在其设备当中安装了监控软件，并表示："我们打算追究DD Mobile公司的责任，并且希望该公司能够予以归正。在违反数据污染预防与数据保护标准的设备当中使用监控软件属于非法行为，也会造成隐私威胁。"EDPA警告称，DD Mobile公司将面临进一步的调查，并可能因为违反《数据污染指令》与《通用数据保护条例》而面临其他惩罚，包括高达每台设备37 500欧元或总计180亿欧元的最高罚款。（改写自Topham，2015：9-25）

这个例子涉及虚构的制度以及相应的法律后果，我把它放在大家熟知的环境中来阐述类似环境丑闻中的"数据污染"概念。显然，随着公众对于AISTIs与BDSTIs数据污染的社会意识日益增强，我们也将看到政策制定者与消费者应对数据污染的方式发生转变,以及科技公司的可持续价值。例如,法律学者奥马里·本-沙哈尔(Omri Ben-Shahar)描述了用于缓解数据污染影响的"数据保护环境法"的发展状况,其法律工具与那些为了控制其他形式工业污染而创建的工具十分类似(Ben-Shahar,2019)。然而,这种应对不仅关乎法律维度,其实文化维度与社会维度同样牵涉其中。我们将越来越多地看到并感受到大数据技术的"数据污染"对社会形态、自然生态系统以及未来子孙后代所产生的负面影响。此外,它对我们的隐私、民主制度等方面均有不良影响大数据技术的数据消耗还会产生大量的碳排放。我们将通过在法律、设计、科学和教育领域中表达相应关切而做出回应。因此,数据技术、产品、服务的数据设计、存储与处理产生"数据污染"也将成为与之相关的公司和机构必须思考的重要环境问题。我们相信,变革一定会发生,但绝不会一蹴而就。我们首先需要注意到这些负面环境影响,方能有所作为。正如机器人伦理学家艾梅·范(Aimee van Wynsberghe)所言,这就是为什么我们当下需要一场运动,这场运动不仅将可持续性视为一项技术目标(如人工智能),而且还需要具体解决这些技术研发应用的可持续性问题(van Wynsberghe,2021)。①

数据伦理治理

一个大型社会技术系统在社会当中整合所需技术动量并非只是社会、经济与文化因素的任意捏合,它还需要具有一个框架,指导构成系统技术架构(及其在社会中的治理、采用与接受)的方向、价值、知识、资源与技能。有时,正如上文我试图通过"环境与可持续性关注"与"数据污染"的演化所说明的那样,这一框架比其他框架更为明确地呈现出文化与价值导向。这种具有反思性伦理评价与价值导向

---

① 另见《数据污染与权力白皮书》(2022)和《数据污染与权力小组简报 2021—2022》,www.datapollution.eu。

的"文化"框架,提醒我们不能将其仅仅看作对于关键问题的暂时批判性回应,它还是治理的有机组成部分。在 21 世纪 10 年代,针对数据污染不良影响的充分关切已然在新近创新、法律、科学与政府间合作当中有所体现。因此,"数据伦理治理"也被更多地看作公共政策制定中治理的一个组成部分,其中"数据与人工智能伦理政策倡议"则被认定为制度化治理形式的组成部分。

温菲尔德(Winfield)和伊洛特卡(Jirotka)首次使用"伦理治理"这一术语来提出"针对机器人与人工智能要采取一种更具包容性、透明性和敏捷性的治理形式,以此建立并维系公众信任,并且确保此类系统研发能够符合公众利益"(Winfield and Jirotka, 2018：1)。他们认为,"伦理治理"是对一般性有效治理的超越,它是"一套旨在确保最高行为标准的过程、程序、文化与价值设计"(Winfield and Jirotka, 2018：2)。因此,他们认为,用伦理框架来管理机器人与人工智能的发展,需要一套多样化方法——不但要有单个系统与应用领域层面的方法,还要有制度层面的方法(Winfield and Jirotka, 2018：2)。

之前我们讨论"互联网治理"之时,将其看作一个多主体参与其中的动态过程,这里又将"伦理治理"看作一套旨在确保"最高行为标准"的活动与方法。基于此,我还想强调一种由实用主义驱动治理方法的应用伦理学。这意味着,我所认为的"伦理治理"不仅仅是对基本伦理价值的协商与应用,而且体现在产生伦理反思的条件、实践和过程等方方面面中。

以 21 世纪 10 年代后期伦理学在 AISTIs 治理中的作用为例,我们发现存在两种不同的"应用伦理学"形式以及相应的不同方法。此间,从大量来自各个国家、政府、公民社会以及产业利益相关方等利益主体的规范性人工智能伦理指南与原则当中,我们可以看到公共治理协商中伦理占据显要位置(Fjeld et al., 2019；Jobin et al., 2019)。当然,这些指南与原则也反映了最初对 AISTIs 与 BDSTIs 治理中伦理作用的主要质疑。大家都不清楚这些高层次的原则如何能够实施并转化为实践，也不知道它们代表谁的利益。它们是否会对全球从业者、开发者、用户以及政策制定者的实践标准产生影响呢？为了保证事关原则性的对话更富建设性，一种方式就是追寻各种文件之间的共性主题，以此创建一个具有一套普遍原则的通用规范框架（Floridi et al.，2018；Winfield and Jirotka，2018）。然而，在这里我想说明一下另外一种带有实用主义色彩的应用伦理学方法如何，实际上已经找到用武之地。这种方法在关乎伦理的公共辩论中不太显眼，因为它并没有单独体现"伦理维度"上，但它对于 AISTIs 与 BDSTIs 的伦理治理同样重要，甚至可以说更为重要。

哲学与政治学教授安德鲁·奥尔特曼（Andrew Altman）描述了一种带有实用主义色彩的应用伦理学，其中包括"语境主义辩护观"（Altman，1983：232）。这一观点认为任何伦理假设（包括高层次的伦理原则）都可以在语境当中受到挑战。或者换句话说，一种伦理学理论或方法只有在实践之中才能得到证明。因此，我们应该将应用伦理学视为一个实践与反思的过程，而不是把伦理规范框架的制定作为工作重点。这意味着我们必须考虑所有不同伦理准则的独特参照点、应用环境及其"非中立性"的伦理出发点。然而，这也意味着："伦理"不仅存在于基础价值的协商以及规范伦理学的理论或框架的创建当中，更重要的是，它还可以在检测这些伦理学思想的实践活动之中现身。因此，下面我们需要更加详细地探讨"数据伦理治理"。它不是一套伦理学原则抑或指南，而是特定时刻实际活动的集合，旨在针对某种伦理学理念进行有意识的测试。这些活动才是我所认为的权力的数据伦理学当中伦理学的致用之处。

在 21 世纪 10 年代，来自公民社会、政界、商业与技术领域的各个利益相关方发起了各种活动，这些活动都围绕着共同的伦理学理念开展——发展"以人为本"的数据文化，以应对数据设计与实践中主导数据文化的伦理影响。在此我将介绍一下其中的一些活动。

数据伦理倡议

我之前描述过在欧洲出现过的公共政策倡议，其中明确提到了数据伦理。这些政策倡议基本是与一些民间社团、学术圈以及技术界倡议同时出现，其中数据的伦理影响被框定为大数据机构与公民之间在数据技术设计当中日益严重的数据不对称性问题，当然还有需要遵循上述路径寻求解决方法的问题。例如，"个人数据存储运动"（Hasselbalch and Tranberg，2016 - 9 - 27）的概念框架被非营利性协会 MyData 全球运动描述为这样一场运动：其中，个体"不再是被动的目标群体，而是被赋权为在线上线下私人生活管理中的主体，他们有权通过实际手段来管理自我数据与隐私"（Poikola et al.，2018）①。这里的重点是要超越单纯依据数据保护法律条文的教条主义，实施兼具透明度、问责制、隐私设计等价值与伦理原则的举措（Hasselbalch & Tranberg，2016）。尤其值得一提的是，正如伦理标准运动背后的关键人物之一约翰·黑文斯（John C. Havens）在其著作《失控的未来》（2016）一书当中所呼吁的那样：我们需要通过价值驱动的技术设计方法来缓和伦理影响，具体例子包括工程标准〔如全球最大的工程师组织之一电气电子工程师学会（IEEE）制定的 P7000s 系列伦理标准〕以及人工智能标准（为人工智能发展制定的伦理设计的技术标准）②。

民间社团的隐私运动

21 世纪 10 年代数据伦理的一个重要动量就是不同的民间社团发起的诸多消费者与民众意识倡议，其中大都涉及民众、国家与私营企业之间在线权力不对称性问题。在 20 世纪 90 年代，隐私运动致力于在技术成熟的社区当中发展隐私增强技术（PETs），其中引入了

---

① 另见《MyData——人类个人数据使用介绍》（2020），www.mydata.org。
② 见《行动中的道德》P7000s 标准，https://ethicsinaction.ieee.org/p7000。

TOR 匿名软件和 TOR 项目及运动等,不一而足(Hasselbalch and Tranberg,2016:85)。在 21 世纪 10 年代,隐私运动开始呈现出更加普及的样态,如总部位于英国的国际隐私保护组织,还有总部位于美国的电子前沿基金会(EFF)等组织,它们均致力于开展有利于提高公民在线隐私认识的活动,尤其是针对国家监控行为的认识。由澳大利亚记者阿舍·沃尔夫(Asher Wolf)在 2012 年发起的加密派对运动,导致了全球范围内一系列自发组织的加密派对喷薄而出,民众可以参加这些派对并学习如何保护其在线隐私权与匿名权。越来越多的普及型隐私运动也考虑到了私营企业的大数据实践,旨在为其提供"数字化自卫"工具以及可以替代大数据技术产业巨头的消费者服务(Tranberg and Heuer,2013;Hasselbalch and Tranberg,2016;Veliz,2020)。

伦理设计与数据系统的批判性调查

许多"伦理设计"活动当中明确阐明了对于技术与设计的具体应用伦理学方面的关注。作为一个术语,"伦理设计"常应用于技术设计与实践(Dignum et al.,2018)(在下一章中,我将再次谈及"伦理设计"与价值敏感设计方法)。这里,有必要提到"隐私设计"这一术语,其最初是由前加拿大信息与隐私专员安妮·卡瓦齐尼(Anne Cavoukian,2009)提出,旨在特别关注那些试图将"隐私"作为一种价值嵌入某种数据设计中的组织与设计实践。此外,我们还注意到技术哲学学者菲利普·布雷/布赖(Philip Brey)所描述的"披露性计算机伦理学",它试图识别并揭示不透明信息技术的伦理影响(Brey,2000:12)。因此,针对特定数据处理软件的案例研究对于"数据伦理治理"至关重要。例如,"机器偏见"研究(Angwin et al.,2016)揭示了美国国防系统数据处理软件中嵌入的歧视;性别与非裔美国研究学者萨菲娅·乌莫加·诺布尔(2018)对于谷歌公司歧视性搜索算法的调查;还有数学家凯西·奥尼尔(Cathy O'Neil,2016)对于大数据决策制定(涉及投保、征信以及就业等方方面面)背后数学的社会影响分析。在数据伦理治理方面，人权律师与 Ada Lovelace 研究所所长卡尔利·欣德(Carly Kind)描述了人工智能伦理学的三波发展历程，其中前两波侧重于把高级原则与技术作为解决伦理问题的方案，第三波才开始"具有真正的意义了"，主要探索权力、公平与正义问题(Kind，2020)。

法律

　　一系列法律研究对于大数据的法律框架进行了批判性评估，其中涉及社会技术发展，隐私问题(Solove，2006；Cohen，2012)，人类治理，自动数据系统以及人工智能和机器人的法治和人权等多个方面(Pasquale，2015，2020；Hildebrant，2016；Latonero，2018；Nemitz，2018；Smuha，2020)。其中，许多法律研究都集中在欧洲《通用数据保护条例》的法律框架之上(例如，Wachter et al.，2017；Zarsky，2017；Wachter，2019)。在规范权力分配的法律文书方面，有必要注意到隐私与数据保护在范围和逻辑上的区别，正如保罗·德·哈特(Paul De Hert)与塞尔日·古特维尔斯(Serge Gutwirth，2006)所指出的那样：隐私是一种"不透明工具"，用于阻止或设定权力的"规范限制"；数据保护则是一种"透明工具"，用于引导"合法权利"(De Hert and Gutwirth，2006)。

　　此外，在法律当中也存在相应的法条强调儿童个人数据(Hof et al.，2019)面临的特定挑战，如智能玩具所带来的挑战(Keymolen and Hof，2019)。这里，值得一提的还有西尔维·德拉克鲁瓦(Sylvie Delacroix)与尼尔·劳伦斯(Neil D. Lawrence)提出的"数据信托"法律框架。他们考虑研发出多种可供个人自由选择的"数据信托"形式，这是对其所说的"一刀切"数据治理方法的一种授权替代，因为这将允许"数据主体选择反映自身愿望的信托方式，并在需要之时切换信托形式"(Delacroix and Lawrence，2019：236)。

话语

批判性数据研究已经解构了各个机构、行业与社区的主导数据文化中的文化叙事，这些文化叙事设计并构建了处理、分析大数据的系统（从社交网络服务到人工智能能动者；Bowker and Star，2000；Kitchin and Lauriault，2014；Albury et al.，2017；Acker and Clement，2019）。对于监控的研究调查了我们在讨论隐私、权利与民主（比如，涉及安全或我们为减轻感知风险而采用的技术）之时的赋权或剥权词语（Lyon，2014），而法律研究则调查了法律话语的相应形式（Solove，2001，2002，2008；Cohen，2013）。传播学教授克劳斯·布鲁恩·延森（Klaus Bruhn Jensen）不仅阐述了我们讨论与集体推理的"共同利益"种种方式，同时也说明了一个社会的"伦理"与"正义"具化为人类实践、行动与社会关系的相应方式（Jensen，2021）。因此，为替代性数据文化的发展提供素材的反叙事举措就显得格外重要。事实上，当特兰贝里与我在 2014 年开始研究讨论"作为一种全新的竞争优势"的数据伦理学一书之时，就是希望通过探索提出一种替代性的叙事，以取代当时的主流话语——隐私等价值早已过时，且是创新的障碍（Hasselbalch，2013，2014）。当时，多数人并不相信数据伦理学这个术语会吸引业界关注，或是怀疑我们根本不了解什么是创新。然而，到 21 世纪 10 年代末，"竞争优势"话语实际上已经推翻了公共研讨与政策抉择当中的其他"大数据话语"。例如，丹麦政府成立的第一个数据伦理学小组的特定目标就是将数据伦理学转化为丹麦的国家竞争优势。此外，在 21 世纪 10 年代末期对公共话语产生深刻影响的绍莎娜·祖博夫（Shoshana Zuboff）解构了大数据社会的主流元叙事（2014，2016，2019）。她认为主流元叙事是由强大产业所决定的，并据此提出了替代性"合成宣言"。该宣言"珍视民众并且反映民主原则"（Zuboff，2014）。

博弈空间

在我们的日常生活当中，基础设施可谓平平无奇，我们对其存在也是熟视无睹。我们走过的街道，抑或经常通行的桥梁，往往并不存在明显的道德与伦理妥协空间。然而，当它们突然崩坏或出现故障之时，其中所蕴含的政治因素就会变得显而易见。正如苏珊·利·斯塔尔（1999）所说的那样，这种时刻就是基础设施的叙事或政治（Winner，1980）得以凸显的时刻；这也是一个关键时刻，将根据随后的利益博弈来确定基础设施转型的方向，或者换句话说，社会技术变革的方向。

数据伦理治理正是在我所说的"博弈空间"产生各种争议时发生的。我认为，数据伦理治理具有一个特定功能，即在危急时刻——就在社会技术基础设施被整合之前，及时创造有意义的和可协商的空间。

在21世纪之初，BDSTIs与AISTIs在我们的公共与私人领域当中迅速整合。与此同时，它们所带来的社会与伦理挑战也变得愈加明朗。我们大多数人都记得剑桥分析公司与斯诺登丑闻事件，以及越来越多的人通过亲身经历，或通过他人经历，了解了个人生活与专断的数据系统的预测和决定之间有时会发生冲突。比如，某个服务机构突然窥探到了你不为人知的隐私；一个人由于面部识别系统的错误匹配而被逮捕入狱；一个学生因为一个算法改变而得了一份糟糕的成绩。由于这些社会技术数据系统带来的伦理与社会影响，它们的"政治属性"与"价值"也愈加在政策制定、公共辩论、替代性技术与商业模式设计以及法律法规与社会要求当中备受质疑。

数据伦理学在治理中的第一个功能可以在"博弈空间"当中找到。它们成形于第4章所说的"关键文化时刻"。此时，争议出现，不同的人类价值、文化与反思均被前景化，并且由于"现状"受到干扰而被重新进行平衡。同样，"数据伦理博弈空间"在决策过程中正式登

场（正如我之前所描述的数据伦理公共政策倡议一样）。然而,它们
也会在政策制定的微观环境中以非正式的身份出现,其中包括关于
价值极其具体属性的讨论。例如,一位欧洲议会成员的政策顾问在
描述《通用数据保护条例》谈判中的伦理作用之时说道:

> 当你看到利益冲突之际,那就是你开始审视价值之时……
> 通常,这将是一个关于不同价值的讨论……评估一个价值应该
> 在多大程度上优先于另一个价值……所以有些人可能会说,信
> 息自由可能是一个更重要的价值,或者隐私权可能是一个更有
> 分量的价值。(采访,互联网治理论坛 2017,Hasselbalch,2019)

数据伦理的博弈空间也愈来愈多地包含了对于社会总体演变的
深刻反思。正如欧洲委员会部长代表委员会的一位国家代表曾经对
我所说的那样:"我们需要放慢脚步,思考我们将要走向何方。"(采
访,互联网治理论坛 2017,Hasselbalch,2019)

第 3 章

大数据人工智能社会技术基础设施

> 人工智能的可悲之处在于它缺乏技巧，因此
> 也缺乏智能。
> ——琼·博德里亚(Jean Baudrillard，1983)

人工智能似乎无处不在，又似乎无迹可寻，以至于当我们谈论人工智能之时我们甚至不知道自己所指究竟何物。人工智能是对我们过时的"人类软件"的精密化改进？还是所谓的"不受人类控制的机器战胜人类"的科幻场景？抑或是某一科技公司的商业秘密？诚然，文字描述有时看起来颇为抽象，同时，这些描述也具有一定力量，足以对现实世界产生真实的影响。例如，现实生活当中的法律基于特定语言而得以实施；商业决策的制定以及人们的日常生活也都受到具体语言使用及其构建的"文字世界"影响。显然，我们对于人工智能的言说方式决定了我们眼中的人工智能何形何状：我们能用人工智能来做什么？我们可以向人工智能提什么要求？

　　奇点运动的创始人雷·库兹韦尔(Ray Kurzweil)认为，人工智能就是人类进化的下一阶段：

　　　　生物本身就是一个软件过程。我们的身体由数万亿个细胞组成，每个细胞都受软件过程的支配。然而，你我的身体里运行着一套过时的软件程序，它们从久远以前进化而来。(Lunau，2013 - 10 - 14)

　　已故科学家史蒂芬·霍金(Stephen Hawking)认为人工智能的力量是一种不可控制的自主力量：

　　　　完全人工智能的诞生可能意味着人类的终结……人工智能将依靠自身而崛起，并以不断增加的速度重塑自我。人类因为受限于缓慢的进化，所以无法与之竞争，终将被取而代之。(Cellan-Jones，2014 -12 - 2)

　　恰恰相反，谷歌公司的联合创始人拉里·佩奇(Larry Page)则认为人工智能不过是另一种形式的(谷歌)服务：

> 人工智能将是谷歌公司的终极业态。最终，搜索引擎将能了解互联网上的一切，洞悉用户需求，提供相应服务。目前来看，我们与这一愿景还相距甚远。然而，我们将步步逼近，向心而为。这也正是我们现在的工作重心。（Marr，2017）

我们对于人工智能的所思所想塑造着人工智能在人类社会当中所扮演的角色（Hasselbalch，2018）。

21 世纪 10 年代中期，"人工智能"一词在公共话语当中吸粉无数，这一转变在商业与科技公司当中体现得最为淋漓尽致：它们开始将大数据工作重新命名为人工智能（Elish and boyd，2018）。同时，在全球政策制定过程中，人工智能成为各国以及政府间组织政策制定及投资战略议程上的一个崭新项目。由于没有一个统一的定义，人工智能一词首先被用来泛指大数据技术系统的社会演变。突飞猛进的计算机算力与社会上产生的海量数据为机器学习技术的进化提供了广阔的天地：从图像当中识别人脸（图像模式识别抑或"面部识别"）、从音频之中识别语音（语音模式识别抑或"语音识别"）、自动驾驶（在环境中渲染对象并进行风险评估）、利用个人资料信息来向用户精准投放信息与服务（"画像"和"个性化"）。这些均是人工智能系统的实际应用案例。事实上，人工智能系统不仅越来越广泛地被公司与国家部门用来解决一些简单问题以及分析并简化不同的数据集，同时还能实时发挥作用，比如：即时环境感知，支持关键性人类决策过程。

在本章中，我们将进一步探究具备人工智能能力的 BDSTIs——我称之为大数据人工智能社会技术基础设施（AISTIs）——的历史由来、特殊属性、伦理影响以及致力于解决这些影响的伦理学范式。本章的核心目标在于缩小进行 AISTIs 中权力考量的数据伦理学范畴。

机器能思考吗？

人类从静物抑或死物当中创造出智能机器或生命的传奇是一种贯

穿于人类历史的叙事方式：无论是希腊神话当中丢卡利翁（Deucalion）与妻子皮拉（Pyrrha）通过把石头扔向身后而创造出美丽的人，还是文学与电影当中对活尸弗兰肯斯坦（Franken Stein）、玩偶匹诺曹（Pino Cchio）、大都会仿真机器人玛丽亚（Maria）以及第一辆智能汽车赫比（Herbie）的描述，凡此种种，均属此列。在 1968 年一部名为《万能金龟车》的影片当中，田纳西·斯坦梅茨（Tennessee Steinmetz）对他的朋友，也就是这辆车的主人说：

> 有些事情就发生在我们的眼皮底下，我们却浑然不知——我们不断给机器灌输各种信息，直到它比我们更加聪明。就拿一辆车来说吧，多数男人一周内对其爱车在感情、时间与金钱方面的投入远超一年之中其对妻对子的投入。你知道吗？很快，机器将会有自己的思想。

然而，关于智能计算过程的科学概念，最著名的要数数学家与计算机科学家图灵（Alan Turing）的理论，他在 1950 年开发了一种方法来测试机器是否具备与人无异的智力行为的能力（Turing，2004）。

1956 年，"人工智能"这个术语是由数学教授约翰·麦卡锡（John McCarthy）在达特茅斯夏季研究项目研讨会上首次提出，旨在将计算机科学家与数学家在计算过程领域的注意力从单纯的自动化转移到计算机的"智能"之上（Moor，2006）。计算机是否能够不只处理信息，而是真正地思考信息，并像人类一样从中学习呢？

在早期的人工智能研究领域，科学家主要通过辨别人脑、反馈系统、数字计算机之间的关键性差异（以及相似之处）来探索人工智能（Crevier，1993）。例如，作为人工智能具有与人类思维相似的特性甚至是潜在优势的证据，国际象棋计算机系统被开发出来，它能根据游戏策略创造棋法并执行操作。最著名的例子就是 IBM 公司研发的深蓝系统，它成功击败俄罗斯国际象棋特级大师加里·卡斯帕罗夫（Garry Kasparov）的那场比赛标志着深蓝成为第一个打败人类象棋卫冕冠军的计算机。

然而,在达特茅斯研讨会50年之后,人工智能研究领域不断发展且跨学科化日益明显。当最初参加第一届研讨会的五位科学家与来自各个学科领域从事人工智能研究的其他关键人物再次聚首,共同讨论未来50年的人工智能发展之时,早期人工智能研究者的研究目标发生了天翻地覆的变化(Moor,2006)。现如今,麦卡锡对于创造人类水平的人工智能愈发持怀疑态度,而其他人则想象有一天人工智能能够像人一样具备情绪与情感。科学家和奇点运动的创始人雷·库兹韦尔确信:具有图灵测试能力的人工智能已经近在咫尺。另一方面,社会科学与心理学学者谢里·特克尔(Sherry Turkle)对于人工智能的未来潜力并不太感兴趣,而是更加关心其对人类的影响(Moor,2006)。在此,我们认为:特克尔的观点代表了对于人工智能科学研究的双重人文关怀——试图复制人脑过程并创造智能型非人类能动者。首先,人类同机器之间的关系非常深刻地改变了人类社会与人类思想(Turkle,1997)。其次,我们可以补充一点,关于计算机智能开发以及人工智能意识拓展的基础性问题从一开始就与其对人类的意义交织在一起,其中还掺杂着对于人类自身作为环境中心的独特地位的种种忧虑。人类的神经系统是否仅是一套信息处理系统——看似复杂,实则与机器数据处理流程具有一样的性质?(Wiener,1948/2013;Bynum,2010)如果是这样的话,是否有可能认为人类数据处理能动者("inforgs",Floridi,1999)拥有我们信息环境("infosphere",同上)当中其他非人类能动者("inforgs",同上)所没有的权利? 正如史蒂夫·伍尔加(Steve Woolgar)所说:

> 在试图界定机器特征之时,也就界定非机器的特征之时……在论辩新技术之际,拥护者正在重构并重新定义人与机器,还有它们之间的异同。(Woolgar,1987:324)

历经了几个社会与科学发展阶段之后,人工智能这个词代表了人类对于创造仿真人工智能或者只是具有非常高级的解决问题能力的计算机的各种愿望。1980年，哲学家约翰·瑟尔（John Searle）在他的"中文房间"例子当中阐述了人工智能的根本观点冲突，可谓经典之论。他想象自己被锁在一个房间之内。他要按照计算机程序的指令对门缝里塞进来的汉字做出反应。他不懂中文，但只要按照计算机的程序来处理中文符号，他就能做出反应，并在门下塞回正确的汉字答案，这让房间外的人相信房间里存在一个会讲中文的人。他认为，这个例子说明了图灵测试方法的不足之处——如果计算机被编程为按照交际规则行事，它的确能够提供令人满意的回应，但这并不意味着它具备理解能力。瑟尔本人在离开房间时并不具备对于门外传达给他的东西或他自己反应的理解。因此，他从这个例子中得出结论：强人工智能"在思考层面知之甚少，因为它不是基于机器本身，而是基于程序，而任何程序本身都不具备思考能力"（Searle，1980：417）。

瑟尔的论述说明了人工智能研究的两个原始愿望之间彼此矛盾：创造出来的是能自主思考与理解的机器，还是"仅仅"能为人类处理信息并解决问题的机器？同时，瑟尔的观点还代表了早期人工智能的话语表征，后来这些话语构成了人工智能研究进展及其在社会中得以应用的基本框架。伊莱什（Elish）和博伊德（boyd）（2018）将人工智能描述为一种一直悬浮在真实性与想象性文化观念之间的技术，将其看作是一种脱离了人类控制之后能够自主行动的机器能动者：

> 西方世界对于人工智能是什么的看法——它（不）能做什么以及它可能会做什么——取决于长期以来他们对于机器的文化想象（即机器将会脱离机器创造者的控制），以及对于自动化机器与人造生命的美好前景以及潜在风险的想象。（Elish and boyd，2018：8）

即便在 21 世纪 10 年代,机器可能有朝一日不受人类控制而完全自主进化的观念仍然甚嚣尘上。例如,霍金在 2014 年警告:发展到完全人工智能的那一天也就是人类文明被终结之日(Cellan-Jones,2014 - 10 - 2)。此外,奇点运动的创始人雷·库兹韦尔在 2016 年预言:人工智能将会更新人类的过时软件,并创造出一个彻头彻尾的超智神灵(Lunau,2013 - 10 - 14)。无论是在人工智能的智力水平以及机器人潜在能动性的广义公共讨论当中,还是在关于人工智能即将产生的发展潜力或威胁的想象之中,都可以找到上述观点的影子。学界关注人工智能能动者将会取代人类劳动力,新人工智能系统的艺术性与创造性则反映了人类对于社会之中出现全新型自主性能动者的想象。

因此,正如伊莱什与博伊德(2018)所言,人工智能的"魔力"只是在于它可以将一项技术神秘化,因而形成"炒作"与"恐惧"的循环,最终将我们对于人工智能潜在功用的想象盘剥殆尽。借此,他们也认为,只有通过参照人工智能设计流程研发一个丰富的数据分析方法框架,才能有效应对这些恶性循环。同样,我们也可以将此论述延伸到社会当中研用人工智能的数据伦理方法之上。

然而,要想制定一个能实现这一目标的方法论框架,我们需要一个特定的概念,即能够将人工智能视为一个允许人类设计与控制的数字数据程序。换言之,我们须将对于人工智能的关注点聚焦于可以设计的数据系统与数据程序之上,从而保证对人工智能的管理易于对社会中行为失控能动者的管理。人工智能在社会中被逐步投入实际应用的方式已经发生转型:从以往基于编程规则的专家型系统(以人类专家知识编码),逐渐发展到支持自我决策能动性与自我决策能力强化性人工智能系统。前者主要应用于人类社会与自然环境之中,后者则能够在数字环境下从大数据当中不断进化与学习。本文中我所关注的正是第二种人工智能在数字数据处理方面的实际应用。

专家型系统

在实际商业层面上，人工智能应用范畴广泛；而在哲学目标层面上，人工智能则面临诸多挑战，举步维艰。囿于上述困境，人工智能的社会技术研发道路总是跌宕起伏、曲折盘桓。在针对 20 世纪 50 年代至 90 年代人工智能发展历史的描述当中，人工智能研究者兼企业家丹尼尔·克勒维耶（Daniel Crevier）将当初人工智能的构建努力描述为科学家为了揭示人类思想复杂本质所做的种种尝试。实际上，这并非只是单纯的想象。事实上，20 世纪 50 年代和 60 年代的人工智能研究首先就是一种实验，具体尝试都在研究实验室之内进行，旨在模仿人类在数学与计算处理当中的决策思维过程。结果，到了 20 世纪 70 年代中期，人工智能研究领域迎来了第一个"人工智能的冬天"。由于缺乏实际应用的可能性与可行性，这些最初的雄心壮志在投资界的吸引力降至冰点（Crevier，1993）。

然而，在 20 世纪 70 年代，基于逻辑编程的"专家型系统"研发为人工智能的初步商业化创造了全新的想象空间。因此，在 20 世纪 80 年代，通过从人类专家那里搜集信息并将其编码为计算机的规则与程序（Alpaydin，2016），专家型系统被成功创造出来，从而支持甚至取代专业环境中的人脑决策。

这些系统起初在降低人力资源成本方面的目标尤为宏远。克勒维耶提供了 20 世纪 80 年代来自各行各业的各种案例。这些行业用专家型系统取代了人类专家，目的就是降低人员培训以及调动现场专家分享知识（如：排除问题）所要支付的经济成本。其中一个例子就是北美通用电气公司，该公司的资深工程师大卫·史密斯（David Smith）是全公司唯——个能够处理电力机车维修问题的技术专才，因此他需要身体力行地到处修理坏掉的发动机。1981 年，当史密斯考虑退休之际，通用电气公司想方设法将他的专业知识编入了一个专家型系统，并将其命名为柴电机车故障排除辅助工具（DELTA）。

它集成了史密斯在这一领域的专业知识,包含了数百条故障排除与解决规则。到了 1984 年,DELTA 可以诊断出 80% 的故障,并提供针对发动机故障进行维修的详细说明(Crevier,1993:198)。

在 20 世纪 80 年代初,专家型系统在降低成本、公司内部共享以及传承专业知识方面的前景可谓一片光明。然而,好景不长,许多专家型系统被证明价值有限,因为其只能在个别环境当中发挥作用,而且效果并非尽如人意(Alpaydin,2016)。在 DELTA 案例当中,用户需要在系统最初开发之后接手维护工作,但根本没人愿意承担这一责任,因此它从未被真正地应用于工业实践(Gill,1995:66)。早期专家型系统的一些问题可以归因于技术环境发展问题,比如专家型系统可能与公司的一般计算环境不相匹配(Gill,1995:64)。而系统的其他问题则可以回溯到其无法融入人类环境,DELTA 也不例外。例如,人们对于研发人员与系统采用公司的责任心存疑虑;人们对于系统所能解决的问题不以为然;用户对于外部开发系统心存抵触;抑或是系统核心研发人员跳槽(Gill,1995)。

机器学习决策系统

在第一代专家型系统被发明并应用之后的几年之内,数字化大数据环境开始蓬勃发展,这为"机器学习"系统的登场唱足了前戏。机器学习可以说是人工智能在 21 世纪 10 年代最为实在的应用案例。通过机器学习,人工智能系统的知识来源发生了翻天覆地的变化:系统基本上不再由人类专家提供知识,因为它能基于数据进行自我学习与升级。相应地,系统获得了自主性与能动性。在这种情况下,为人工智能赋能的不再是人类专家,而是数字化的数据集。正是基于自动化数据处理,机器学习系统能够学习并进一步进化升级。

大卫·莱尔(David Lehr)与保罗·奥姆(Paul Ohm)将机器学习过程的数据分析能力描述为"发掘数据集中变量之间相关性(有时也被称为关系或模式)的自动化过程,常被用于针对某一结果的预估"

(Lehr and Ohm，2017：671)。其中一个例子是苹果公司的语音助手 Siri，它能直接在苹果设备上或通过互联网搜索来分析语音问题与指令。Siri 的智能之处在于，该程序能通过用户的提问数据不断自我学习与进化升级。这样，通过为用户创建数据画像，Siri 与用户拟合程度逐日提升，最终能堪重用，成为用户的私人助理。

在 21 世纪 10 年代末，用于实时分析数据或实时采取行动的机器学习系统越来越多地嵌入社会各行各业的数据系统，无论是在医疗保健领域还是社交网络平台，都可以找到机器学习系统的身影。计算机工程教授埃特海姆·阿尔帕伊登（Ethem Alpaydin，2016）将机器学习系统的这场重大变革归功于数字环境的兴起。在 20 世纪 80 年代，微处理器的发明开启了个人计算机大规模发展的新纪元。得益于此，计算机以及后来的个人设备方能广为普及。此外，从 20 世纪 90 年代到 21 世纪的数字化过程进一步使得海量的大数据收集成为可能。现在，所有的信息，从照片中的颜色到音频中的音调，都可以转化为一连串的数字，并支持计算机处理（Alpaydin，2016）。

这些技术进步为机器学习的快速发展与互联网产品的不断翻新奠定了基础，进一步促进了通过大数据学习与进化的人工智能系统在自主行为与自主分析方面日臻完善。为了说明这一点，请看智能玩具龙 CogniToy Dinosaur 这一案例：该玩具使用了世界上最强大的机器学习模型之一，即屡获殊荣的 IBM 公司 Watson 计算机，来评估儿童与它的互动。该玩具并没有预先设定好回答，而是从儿童的问题与反应中学习，并且根据这些问题与反应给出相应的回应。比如，当孩子说"我最喜欢的颜色是红色"时，玩具龙会回答"好的，我会努力记住"，同时为实现将来更为个性化的游戏而将这些信息储存下来。

值得注意的是，尽管在某些方面机器学习不再需要人类专家的帮助，但它并没有完全排除在机器学习系统数据设计方面的人类介入。相反，基于机器学习的人工智能系统的自动化程度取决于人类对于数据处理的干预程度，包括问题界定、数据收集、数据净化以及机器学习算法训练的方方面面(Lehr and Ohm，2017)。

莱尔与奥姆将机器学习过程中的这种人类干预称为"操控数据"。他们认为，法律学者一直以来过于关注机器学习系统的自主性，这表现为他们主要关注系统的"运行模式"(其采用方式)，而忽视了塑造机器学习系统的数据处理活动。正如他们所言，机器学习系统并非具有内部运作机制的神秘黑箱。事实上，它们是"人类密集型劳动——来自数据科学家、统计学家、分析师、计算机工程师——的复杂产出成果"(Lehr and Ohm，2017：717)。从这个角度来看，或许我们可以认为 21 世纪初最为广泛应用的人工智能系统形式——基于机器学习的人工智能系统——本质上是一种具有一定程度自主性的数据处理实践，可能会受到不同形式的(不仅包括技术设计，还包括它们在社会中的组装与应用)人类干预的影响。

我在这里使用的也是这种人工智能概念。与其说它是一个科学或技术术语，我更倾向于关注这一概念在特定历史时刻的复兴与应用，并不打算进一步思考人工智能(在技术层面或哲学层面)的潜在"智能"。之所以如此使用这一术语，我的目的在于解决其在公共话语当中更为普遍的使用问题。具体而言，在 21 世纪 10 年代末的欧洲政策话语之中，它关注的是社会大数据系统的技术演变与社会演变。同样，我还想说明：虽然"人工智能"这一术语的确是在这一时期尤为常见，但仿真人工智能实际上并不是其关注的重点。

欧盟人工智能高级别专家组(HLEG)着手完成的首要任务之一就是界定人工智能。这一技术定义后来被作为专家组的成果发表出来，强调了人工智能的数据过程与人类干预：

> 人工智能(AI)系统是由人类设计的软硬件系统，在给定复杂目标的情况之下，可以从物理或数字维度，通过数据获取来感知环境、解读所收集到的结构化或非结构化数据，并基于知识进行推理，或是通过处理来自数据的信息，从而为实现既定目标来决策最优行为。(HLEG C，2019：6)

随后制定的欧盟委员会政策与投资战略同样是专门用于保障人工智能的数据资源(例如,这一点在 2020 年 2 月颁布的欧盟数据策略当中就有相应表述,欧盟委员会 H2020 计划),或确保开发并获取大数据人工智能增强工具(产品和服务)的权利,从而为欧洲个体与公共部门提供支持(例如,在 2020 年 2 月与欧盟数据策略一起颁布的《欧盟人工智能白皮书》,欧盟委员会 I2020 计划)。

社会中的人工智能

现在,我们对 21 世纪初日常使用的商业化人工智能形式有了一个基本的技术界定,即它是一个复杂的数据处理系统,具有人类干预而来的自主性能力。通过无数数字连接物件,人工智能增强了网络大数据系统的技术分析能力与技术感知能力。然而,这些全新的技术能力也是一种社会演变,它们被嵌入人类社会技术基础设施当中,进而深刻地改变了各行各业以及公民生活的公私领域。特别是在 21 世纪 10 年代,人工智能系统在公私领域迅速推广开来,海量人工智能应用被开发并应用于教育、环境、能源、医疗保健、政策制定、金融、IT、智慧城市、交通与可持续发展等诸多领域(Allam and Dhunny,2019)。试想,如果没有得到高层统一部署,不同领域对于人工智能的采用策略将会受到不同程度的人类干预。以下是来自各个不同社会领域的案例:

• 公共领域

在这方面,欧洲各国制定了各种不同的战略。例如,将人工智能纳入公共机构当中,用于研发个性化援助、聊天机器人与对话平台,并且用于针对家庭进行社会评分或者追踪定位弱势儿童。此外,公共部门还将这些程序用于公务员任务自动化处理、警务预测以及欺诈检测等方面(Spielkamp, 2019; AlgorithmWatch, 2020)。

• 金融领域

在金融领域,金融正转变为人机"权力共享"的"赛博金融"(Lin,

2014）。例如，外汇市场（从事世界货币买卖的交易场所）上 80％的交易都是由机器执行（Bigiotti and Navarra，2019）；金融"机器人顾问"能够为投资管理提供理财建议（Lieber，2014）；金融机构将人工智能程序用于市场分析、信用质量评估以及价格贷款合同拟定（金融稳定委员会，2017）。此外，人工智能系统还被用于消费者评估与信用评分（Pasquale，2013）。

• 社交网络

由脸书与谷歌等平台提供的最常见的社交网络服务，正将人工智能系统用于：提供个性化排序与推荐、分析搜索词并确定同义词、面部识别追踪照片中的用户、理解并回应对话，以及监测虚假信息与非法有害内容[①]。

• 智慧城市

城市已经被带有传感器的联网物品所改造，这些传感器能实时收集数据。人工智能被集成到城市管理与工程建设当中，以实时分析城市各个角落相关数据的分布情况并将其集中（Allam and Dhunny，2019）。

• 医疗保健

在医疗保健领域，人工智能被广泛用于疾病概率预估、个性化医疗、疾病监测与治疗规划、重症监护、疾病诊断、治疗决策与分流（WHO，2018）。

人工智能伦理

在北欧神话中，阿斯加德（Asgård）的国王奥丁（Odin）长髯飘飘，身披金甲，头戴鹰盔，手持长枪，傲居王座，准备迎接从人间战场凯旋的维京战士英灵。奥丁原本不是"独眼龙"，但是为了获得更多知识，

---

① 脸书与谷歌的人工智能部门：https://ai.facebook.com/，https://ai.google。

他自愿把一只眼睛献祭了出去。不过，他有两只会说话的渡鸦——福金（Hugin，意为"思想"）与雾尼（Munin，意为"记忆"）（Orchard，1997），它们不仅能眼观六路、耳听八方，还能做到过目不忘、预测未来。作为奥丁的耳目，它们漫游山野、侦察世界，并向奥丁报告。然而，这是一种权衡之术，是奥丁不得不接受的权力下放，以便能够掌控现在、预测未来，因此他也心存隐忧——"福金和雾尼每天早上都要飞往广袤无垠的外在世界。我很担心福金不会回来，但我更担心雾尼"（"Grímnismál"，Thorpe，1907）。这位古老的维京天神心存忧虑其实也反映了人类对于自身失去能动性的焦虑，这也适用于目前关于人工智能权力伦理的相关研讨。当我们渴望通过研发、采用并管理人工智能社会技术基础设施来摆脱人类躯体与思维的桎梏之时，我们又愿意接受何种让步？也许，我们能从奥丁对于可能失去记忆（雾尼）的焦虑中学到些什么：试想，如果丧失了人类记忆（雾尼）和经验这样的动态品质，思想（福金）/智力又有什么意义？

不同于20世纪中叶的科学尝试与科幻想象，人工智能在21世纪初已然落地生根，长出了社会技术系统这一"幼苗"，并在人类社会这一土地上迅速成长蔓延开来。正如前文所述，大数据系统的全新人工智能技术能力同样也是一种社会进化。我们发现，公私领域的基础设施系统正在逐步转型：它们正在告别实体化与人控化，越来越多地基于数字大数据，并通过人工智能得到强化。因此，这些领域的决策过程也越来越多地受到大数据人工智能系统提供的预测与各种实际（或潜在）分析的影响，甚至会被这些系统取代。

那么，这在实践中又意味着什么呢？让我们来看几个例子：通过对用户个人数据进行画像分析，个性化推荐系统塑造着用户在网络当中的所见、所闻、所感与所知；通过扫描驾驶员前方的街道，自动驾驶系统能评估路上不同物体的风险与价值，并在发生不可避免的事故之时决定汽车的碰撞对象；通过寻找被告的背景模式，司法风险评估系统能告知法官谁最可能在未来犯罪；通过分析患者过往病史与人口数据,分流系统可以选择肾源的最佳受体。所有这些过程当中,无论是部分还是完全自主决策的人工智能系统都深陷伦理困境之中,并且这些困境日渐扩展加重。比如,在宏观层面,作为民主社会的公民,我们对于人工智能系统推动改造的政治进程应有多大程度的选择力与洞察力? 或者,在微观层面,发生故障的汽车应该选择首先撞谁? 是有犯罪前科的年轻人,还是从未犯过罪的老年人?

随着人工智能系统在 21 世纪 10 年代设计而出,并被嵌入社会基础设施当中,其伦理影响也与人工智能系统的复杂数据处理交织在了一起,并被具化为道德决定与选择的形式。因此,在公众重新关注人工智能的同时,"人工智能伦理"作为一个关注人工智能系统伦理影响的新型研究领域应运而生。尽管以往很多术语被用来描述这一领域的不同方面,我在这里选用"人工智能伦理"这一术语,来对该研究领域——牵涉到人工智能在社会中实际应用的伦理影响方面的关切——进行一般性描述。

现在,我将探讨之前提出的伦理问题:涉及人工智能系统的设计、采用以及社会固化过程当中不同程度的人类干预,这也是"人工智能伦理"研究领域的首要研究主题。此外,我会将这些伦理问题与上述提到的想象场景联系起来,深度刻画人工智能对于人类本身、人类可控威胁以及自主性人工智能超越人类缺陷的潜力。实际上,鉴于对人工智能的认知与理解因人而异,人工智能伦理的实际应用也会牵涉到人类在人工智能设计与治理过程中不同程度的干预问题。在我看来,最有价值的应用人工智能伦理方法就是在人工智能研发过程中优先设置最高水平的人类干预。

人工智能系统应用于个人与社会决策过程所带来的伦理影响也是人工智能伦理研讨当中的一项常见议题。正如我在接下来的章节当中所要展示的那样,其覆盖范围广阔,既包括对于机器能动者在人类道德世界之中作为一种积极性或破坏性变革力量的讨论,还包括应用人工智能伦理的方法与框架的交锋。尤其是后者,可以从人工智能决策过程的设计与组织当中不同程度的人类能动性与人类干预这一视角予以研究。

虽然我认为人工智能设计本身是一个富有建设性且高度相关的视角，但它只是 AISTIs 伦理治理框架下的一个应用伦理组件而已。因此在这里，我并不是说权力的数据伦理学是一种"伦理设计"解决方案（虽然我将在本章后面说明我们如何在人工智能的数据设计之中追踪数据利益，但我并没有提供一个设计方案）。相反，我认为，权力的数据伦理学对于人工智能伦理研究领域的贡献在于，它是人工智能发展过程中对于人类权力的特定反思，即在人工智能研发与采用过程当中，要求我们承担的人类干预的程度。接下来，我将把关于人工智能伦理的讨论集中到权力的数据伦理学之上，主要关注人工智能系统的数据处理当中的自主性与人类干预程度。在这里，我将不仅关注数据设计研发者的视角，同样也会关注社会文化对于人工智能数据系统的接受度与整合。

从依赖人类的系统到自主系统

人工智能系统在其短暂的社会应用历史当中被赋予了不同程度的自主性，用于支持或取代人类决策过程。在实际应用当中，人工智能系统的能动性与自主性并非其目标所在，而是系统为适应现实生活决策过程所必须具备的能力。

在 20 世纪七八十年代，专家型系统被创造出来以帮助人类进行优化决策，例如：用于故障排除、机器维修指导或传染病诊断（Crevier，1993）。它们由一个"知识库"和一个"推理机"组成，前者由一系列事实与基于人类各领域专家知识的"IF-THEN 规则"构成，后者则使用逻辑推理规则来演绎新知识（Alpaydin，2016：50）。之前，我曾说过这些早期专家型系统无法适应人类环境，这也是它们未能成功地应用于社会的一个关键原因。此外，这还涉及它们对于真实世界的表征方式。这些系统的逻辑规则实在是太过僵硬死板，它们不能如实反映生活当中的细微差别与变化过程。阿尔帕伊登（Alpaydin）用了年龄的例子来说明这个问题：一个人可能并不"老"，但事实上我们都在日渐衰老，而这个过程不能被具体的数字所捕捉（Alpaydin，2016：51）[①]。一方面，早期专家型系统（基于预先编程的知识和逻辑规则）数量有限；另一方面，它们在对真实环境当中细微差别的把控方面往往确有缺陷。由于无法提供有价值的决策支持，因此其实际应用就非常有限。

当代人工智能系统是对这些原始专家型系统在决策方面的升级换代。通过复杂的多层数据处理程序与能够感知复杂环境的传感器，它们在自主推理、自主决策与自主学习方面的能力变得越来越强（HLEG C，2019：3）。因此，它们在分析现实环境的细微差别方面也是更胜一筹（当然永远不会尽善尽美）（Alpaydin，2016：52）。此外，使用基于神经网络概念的机器学习算法，例如在深度学习中，动态地使用来自传感器的输入数据，然后逐级处理（每一层分析都从上一层输入当中获取）从而最终产生优化决策（Alpaydin，2016：85）。

道德机器

现在，为了排除发动机故障建立证据并就其修理方法做出决策是一回事，而找到影响人类生活的复杂道德决策的细微差别证据则完全是另外一回事。目前，越来越多的人工智能系统被用于那些需要自主伦理反思与道德决策的环境之中，这些环境需要经过系统改造以产生不同的伦理影响。

其中最为著名就是阿瓦德（Awad）等人（2018）在其"道德机器"

[①] 在这里，我们还可以使用更多来自社交媒体内容审核的例子，比如涉及"不雅"和"有害"等概念的内容。毋庸置疑，21 世纪 10 年代社交媒体门户网站上最具公众争议的内容遭遇屏蔽和删除案例都源于人们对于"有害内容"的不同解读，其关键是社交媒体平台的自动内容审核系统的决策权，进一步讲是在公共网络空间施加的特定的政治观与价值观。另见欧盟委员会 1996 年对于网上"非法"和"有害"内容的最初区分及其相应的法律责任划分。［COM(96)487 Final Brussels，16.10.1996］

实验当中提出的自动驾驶汽车的伦理困境。该实验探讨了自动驾驶汽车在不可避免会撞到行人的事故当中所面临的道德决策困境。在该情景之中，如果只有两种选择，你作为司机，要么选择让车撞向两个老年人，要么选择让车撞向一个年轻人，做出什么样的决定才符合道德正义性呢？阿瓦德等人开发了一款在线"严肃"游戏，其中有与这样的场景相关的伦理困境：一方面用于研究人们的道德选择；另一方面，据他们介绍，用于创建"一个全球对话语境，向设计道德算法的公司以及负责监管的政策制定者来表达自身道德偏好"（Awad et al.，2018：63）。在该实验中，他们关注人工智能系统决策过程的"运行模式"（Lehr and Ohm，2017）——系统的调用时刻以及没有人类干预情况下系统的完全自主决策情况。通过这种方式，他们构想了未来的日常生活场景——机器将取代人类进行决策并能自主运行：

> 在人类历史上，我们从未允许一台机器在没有实时监督的情况之下，在几分之一秒的时间内自主决定人类生死大事。现如今，我们随时会逾越这条边界。这样荒诞的事情并非发生在遥不可及的军事行动当中，实际上它将发生在我们日常生活中最为稀松平常的领域——日常交通场景中。（Awad et al.，2018：63）

"道德机器"实验是著名"电车问题"的重新演绎，以测试不同情景与伦理困境。该实验现在已经成为人工智能伦理研究领域最为常用的例子。然而，我不认为它是对人工智能"人本方法"具体实施的最佳诠释。事实上，机器程序化选择本身并不是我们首先要考虑的伦理困境问题。我想，在讨论这个问题之前，思考一个没有我们就不会自主决定的机器的伦理问题。我们想问的是：我们希望让机器如何帮助我们做出人类想要的决定？如何让机器作为人类环境的有益补充？通过这种方式，我们可以思考一个未来的替代方案——机器不需要在没有人类干预的情况下做出某些关键决策。例如，欧盟法律(《通用数据保护条例》,[EU] 2016/679)规定:在没有人类干预的情况下,严禁仅仅基于自动数据处理做出与人相关的决策(特别是当这些决策会对个人造成重大影响的情况下)(《通用数据保护条例》,[EU] 2016/679,第 22 条)。

人工智能决策的伦理影响

在评价并总结关于"算法"伦理影响的研讨中,米特尔施泰特(Mittelstadt)等人(2016)提出了几种不同的伦理关切,分别涉及决策过程当中算法处理方式以及数据建立关联方式(从数据中获取证据)。伦理影响(如歧视性决定)可以是立竿见影的"可见"结果,在观察的那一瞬间就可以看出行为是否"有失公平"。然而,伦理影响也可能是在实施过程中没有明显危害的一种社会变革(Mittelstadt et al.,2016:5)。其中,自主性挑战就是一个非常值得关注的话题,它涉及广为应用的个性化算法与"新选择架构"搭建,这些可能会在不同程度上强化人类行为,甚至控制人类决策(Mittelstadt et al.,2016:9)。另一个话题则聚焦于人类在信息隐私认识与处理方式的诸多维度上所面临的层层挑战——由大数据收集、处理、剖析算法形式所带来的挑战。最后,他们还考虑了算法可溯性的横向问题(Mittelstadt et al.,2016:12)。算法证据的复杂数据处理设计本身往往难以追溯,因而通常会导致算法伦理影响的责任认定复杂莫测。然而,人类对于日益复杂的系统的监督程度也可能因受其他因素影响。缺乏教育或者其他人类自我能力的因素(如个人意识水平、伦理反思以及其他文化和社会因素)同样可能导致人类对于人工智能系统设计识别和修正变得举步维艰,进而带来负面伦理影响。缺乏人类监督同时也意味着系统正在逐渐具备自我控制力与能动性。

机器伦理

人工智能对于人机关系的改造引发了诸多伦理方面的关注,涉及人类能动性以及人类针对日益分散的道德决策系统干预。"机器伦理"（Anderson and Anderson，2011）关注的是人工智能能动者的伦理行为。其中的一个基本预测就是：未来人类干预将会趋向最小化，因此机器必须具备伦理与道德判断能力。所以，我们需要开发相关理论与方法来训练机器的伦理行为：

> 从理论上讲，机器伦理关注的是赋予机器伦理原则或程序，以此寻找相关办法来解决它们可能遭遇的伦理困境，从而使得它们能够通过自主伦理决策，并以一种极强的伦理责任感完成运作。（Anderson and Anderson，2011：1）

机器伦理研究领域的一个分支学派甚至将具有伦理能力的人工智能能动者看作是改善人类道德决策的一种方式。他们认为，与人类相比，智能机器的道德感更为高级（Anderson，2011；Dietrich，2011），并且它们可以超越自我利益驱动的人类道德决策相对主义，帮助我们构建普适性伦理原则（Anderson，2011）。基于这一点，塞维尔（Seville）与菲尔德（Field）（2011）设想了一个"伦理决策能动者"，它可以通过指出人类决策后果或在虚拟现实当中创造"伦理体验"来帮助人类做出伦理决策。他们认为，这种能动者更加公正无私，并且能够增加道德决策的一致性。

安德森（Anderson）的研究为我们提供的机器伦理视角对于思考道德决策当中技术中介组件的设计与实施具有重要指导价值。实际上，现在这些组件正越来越多地分布在外部技术系统之中。这里尤为重要的是，创造一种积极参与道德决策过程的新型技术能动者旨在塑造我们的道德体验。然而，正如我将在下一节要讲的那样，人工智能能动者不会承担作为更公正的道德能动者的道德责任，也不会向人类施加普适性的道德规范。在我看来，道德责任，或者更确切地说"伦理"责任，将始终是人类干预人工智能设计、研发与实施的内在过程。这也意味着，人工智能系统的任何道德行为与伦理影响责任只能由参与其中的人类承担(Bryson,2018)。因此,"建立具有卓越道德水平的人造道德能动者从而纠正人类道德推理错误"这一论点很难站得住脚(van Wynsberghe and Robbins,2019)。

人工智能的道德能动性与人类的伦理责任

在 2017 年,欧洲议会通过了《关于机器人民事法规则》的决议,明确提出了自主系统的有害行为与影响的法律问责问题。决议提出:要"考虑"自主机器人的"新型法律地位",甚至可以称之为"电子人格"(欧洲议会,2017 - 2 - 16)。我认为,将人工智能能动者的责任"考虑"在内这一突破性的举动,实际上意味着人类承认了人工智能自主伦理能动者的身份。然而,我们实际上并不需要这样做,因为人类干预以及人类能动性始终存在于人工智能当中,尽管有时候这两者难以分辨。正如我在前面的章节中讲到的那样,人类的能动性存在于人工智能的数据处理方式之中,存在于构建人工智能的法律当中,存在于其设计的技术文化之内,存在于社会对于人工智能的认识与采用方式之中。至关重要的一点是:人类能动性体现在人类社会如何看待、接受或拒绝"人工智能自主性"。也就是说,即使人工智能确实具有技术决策能力,并且也被视为一个自主机器能动者,人类干预也始终在发挥作用。因此,我们必须要做的是在人工智能设计、研发与采用以及法律框架当中加强和支持这种"人类因素"。

在"人工智能伦理"的研讨当中,存在两种截然相反的观点:一种是人工智能对于人类道德(伦理)能动性与控制力的威胁;另一种是强大优越的机器改善人类道德(伦理)的潜力①。然而,人类与机器的关系并非顾此失彼、水火不容,其实存在一条中庸之道。承认人工智能系统道德能动者身份的同时,在我看来也就否认了其伦理能动者(即"伦理上负有责任"的能动者)身份。一方面,我们认识到人类并

---

① 参见我在第 6 章针对"道德能动性"与"伦理能动性"的区分,以及对术语部分的进一步阐述。

非构建自我生存空间之内道德架构的唯一能动者（Adam，2008）。另一方面，人工智能同样不会造成伦理影响的目标缺位的"责任缺口"（Tigard，2020）。在人工智能身上，我们总能找到伦理责任感的人为因素。举例来说，我们可以从导致事故发生的人类环境复杂性来考虑自动驾驶汽车导致行人死亡的伦理影响。这个问题可能是由于人类过程网络——从设计选择到具体实施——的结果，也可能是框定自动驾驶汽车的研发与使用过程的法律缺位的结果，还可能是道路规章制度与街道形状等因素导致而来。当然，这并不意味着人工智能系统可以逃避法律责任，而是意味着只有人类才能在伦理上为其负责。

如果我们将人工智能决策系统视为分布式道德能动者的社会技术架构组件，其中人类能动者与非人类能动者在塑造道德体验方面你中有我、我中有你，那么关于非人类能动者道德地位的问题将不再止于对其存在性的质询，而是与其在实践中的具体应用休戚相关。在这种情况下，我们甚至不再需要质疑：机器是否应该或能够具备人类水平的伦理能动性，抑或是机器是否具有伦理责任。相反，我们应当试图找到一种方法，确保人类能继续以有意义——最重要的是负责任——的方式对机器进行干预。

这里，我们可以采用布鲁诺·拉托尔（Bruno Latour）对于技术人工制品"道德能动性"的描述，他将其看作是执行人类法律、价值与伦理的非人类行动者（Latour，1992；Latour and Venn，2002）。他认为，技术人工制品确实有着"强烈的社会性与高度的道德性"（Latour，1992：152）。它们按照法律规定与"刻在或编码在机器中"的命令进行运作（Latour，1992：177）。正如拉托尔所说，像安全带这样的人工制品可以将我们的身体固定在我们本不希望的位置。这就是它的设计初衷，而且它的确是在执行汽车安全法规。如果我们不遵守这些要求，它指定会用持续的蜂鸣声做出提醒。

然而，技术并非只是道德意向的被动表征。相反，它们是拉托尔所说的"技术中介"（Latour and Venn，2002：252）。道德意向与行为在技术设计当中会被积极转化，并与其应用、法律、文化以及我们所处的社会交织在一起，从而产生各种可能性。这里，我们举一个"词汇嵌入"机器学习方法的例子，它通常被用于网络搜索引擎的语言处理。通过针对常用模型进行研究，伯吕克巴舍（Bolukbasi）等人（2016）发现：在创建的词集当中，诸如建筑师、哲学家、金融家等头衔类词汇在语义上被归为"典型男性"词语，而诸如接待员、管家和保姆等词汇则会被归为"典型女性"词语（Bolukbasi et al.，2016：2）。因此，他们得出结论：盲目地应用这些模型可能会助长社会上的性别歧视。这类机器学习模型的开发者的工作显然构成了一种道德行为，他们需要将道德价值与选择委托给一个技术道德能动者，进而塑造社会环境中的道德因素。正如鲍克与斯塔尔（2000）所认为的那样，信息分类从来都不是中立性的，而是立场分明。信息系统开发者的工作总是隐含一个"道德"维度（Bowker and Star，2000：5），例如搜索引擎的词汇嵌入模型。因此，在关于技术道德能动者编程语言的编写当中，人类行动者发挥着关键作用（Latour，1992）。然而，将这种类型的技术道德能动者转化为道德行为或道德影响并非一个简单的过程。如果我们试图追溯上面例子中导致歧视的道德能动者，我们就会发现许多行为并非仅仅是机器学习模型的人类开发者的主动行为，同样它们也不仅仅是"机器"的主动行为。机器学习模型（非人类行动者）只是极大地放大了其训练数据当中现有的人类偏见（人类行动者）。换言之，该模型从谷歌新闻文章当中自主学习与进化升级，并通过创建"有性别偏见的词汇集"的方式极大地放大了这种偏见。然而，它也是被"盲目"开发并被社会采用，因此它只是对人类行动者（使用者与研发人员）所提供信息的客观映射罢了。

我们需要探究主动式人类行动者和非人类行动者的分布式道德能动性之间的关系。从这个角度看，社会与伦理影响不仅仅是人类的意向结果，也不是非人类行动者设计与行为的结果。相反，它们是分布在这些不同能动者之间的行为与能力互动的结果。

那么，这种分布式道德能动性模型在应用"人工智能伦理"方面意味着什么？我们应该如何在人工智能系统的开发之中考量这些伦理影响，并积极地应用与测试伦理因素呢？最重要的是，我们不能只是一劳永逸地将道德规范设计到技术之中，从而产生一个"道德机器"。我们需要解决伦理影响在人类与非人类能动者之间分布式道德能动性环境当中的演变方式。

在讨论如何在人造能动者当中设计"人造道德"之时，阿伦等人（2005）提供了两种方法。一种是自上而下的方法——依据这种方法，机器以遵循特定道德准则行事的方式被设计出来。换言之，道德理论可能会被用作筛选符合伦理行为的程序化规则（Allen et al.，2005：149）。我们再次回到"道德机器"的实验当中，其目标在于为某个自主机器的设计创造一个整体性基础，并且支持该机器根据人类规定的道德规范自行采取道德行动，其底层逻辑是将全社会人类普遍的道德意向扩展到外部技术系统当中。然而，该模型并没有将我之前刚刚描述的动态分布式道德能动性考虑在内。这也正是我们引入阿伦等人（2005）的第二种方法的原因。依据第二种方法，我们不会将某种特定的道德理论强加给人工智能能动者，而是希望为它们提供不同环境（比如，环境当中具有实质性人类干预与能动性），并对合乎道德的行为加以筛选与强化（Allen et al.，2005：151）。这样一来，机器就能通过在人类伦理环境当中的动态进化而做出符合伦理的行为。这种对于人工智能的批判性应用伦理方法的描述引出了以下对于人工智能技术发展当中权力关系与利益背景的后续讨论。

利益与权力关系

人工智能伦理研究最新关注的领域是日益自主的数据系统与算法带来的伦理影响。同时，这场讨论融合了之前关于计算机技术"中立性"的论辩。计算机技术设计固有价值的概念化最初是由信息科学学者巴焦·弗莱德曼（Batya Friedman）等人在 20 世纪 90 年代提出，此后在价值敏感设计（VSD）框架当中得到了进一步的探索（Friedman and Nissenbaum，1995，1996，1997；Friedman，1996；Friedman et al.，2006；Flanagan et al.，2008；Umbrello，2019，2020；Umbrello and Yampolskiy，2020）。从这个角度来看，计算机技术从来都不是中立的，而是在其具体设计当中体现了道德价值与规范取向（Flanagan et al.，2008）。

在价值敏感设计框架当中，在计算机技术的设计和实际应用中一个技术的内在价值被视为伦理困境或道德问题来解决。因此，计算机技术的伦理影响可以通过检查其技术设计而完成分析，即检验技术的设计方式是否"符合伦理"或"有伦理问题"。例如，巴焦·弗莱德曼与另一位信息科学学者海伦·尼森鲍姆（Helen Nissenbaum）在 1996 年发现，当时用于机票预订、医学毕业生初次就业分配等任务的电脑系统存在不同类型的偏见，并提出了一个在计算机系统设计之中解决这一问题的框架。

与之类似，价值敏感设计方法还被用于研究嵌入人工智能系统设计当中的价值，并将分析扩展到人工智能的整个生命周期（Friedman and Hendry，2019；Umbrello and Yampolskiy，2020）。人们发现：人工智能的数据系统与数学设计算法并非对世界客观公正的再现。自然而然，其所带来的结果与社会影响（决策和建议）并不具备"伦理中立性"（Mittelstadt et al.，2016：4）。

21 世纪 10 年代末的一个研究方向专门讨论了人工智能系统的"非中立性"，其中特别提到了公私部门采用并实施人工智能与大数据系统的权力机制，其中一些与人工智能系统社会伦理影响相关的具体案例研究被用来强调以下观点——在人工智能的研发与社会应用当中，社会权力关系与利益也在发挥作用。

例如，凯西·奥尼尔（2016）描述了大数据系统的黑暗面，或者用她的话说是"数学毁灭武器（WMDs）"。这一"武器"被美国教育与公共就业系统用于信用评分以及保险评估当中。她主要关注的是，这些大数据系统在部署之时，个人或政府主体并没有质疑其社会影响的评估，认为它们是能够取代人类决策与评估的客观公正的系统。她举例说明了这些系统有时会对公民造成恶劣的影响。例如，机器不会考虑社会背景与人为因素的影响，基于僵化的机器绩效评估，很多优秀的老师惨遭解雇（O'Neil，2016：5）。此外，基于计算机的 IP 地址信息，社会底层群体的获得的信用评分往往偏低（O'Neil，2016：144）。

弗兰克·帕斯奎尔（Frank Pasquale，2015）同样关注使用自动化流程对于风险评估与机会分配的影响。他解释了复杂算法如何被用于研发与部署，以维持一个"黑箱社会"。其中，算法数据过程被刻意作为商业机密隐藏起来，以维护强大行业的信息垄断地位。这些行业利益还授权计算机在没有人类干预的情况下制定决策。

另一个关于采用人工智能系统权力关系的著名案例是由新闻网站 Probublica 发布的"机器偏见"研究（Angwin et al.，2016）。其中，调查记者朱莉亚·安格温（Julia Angwin）与一个由记者及数据科学家组成的团队一起对私人公司 Northpoint 的 COMPAS 算法进行了研究。该算法被美国司法系统用于针对被告进行风险评估，并预测罪犯释放之后再次犯罪的可能性。他们发现该算法当中存在一种偏见，它将黑人被告归为再犯者的频率高达白人被告的两倍之多。此外，它将白人被告归类为低风险被告的次数高于黑人被告。

萨菲娅·乌莫加·诺布尔（2018）用"压迫性"一词来形容谷歌算法搜索架构的权力（"压迫算法"）。正如她在研究中所说的那样，当它们在性别化与歧视性搜索结果当中复制偏见（如对非裔美国女孩持有偏见）之时，就强化了社会当中的这种偏见。当它们作为现实的自然客观反映被呈现和接受之时，其本身也是在传递偏见。

在有些社会当中，人类能动者（例如，使用风险评估工具的研发人员或法官）和非人类能动者（工具的数据设计）中的道德能动性产生了伦理影响的。在这个社会之中，审查并揭示算法的潜在歧视能动性至关重要。我们甚至可以利用批判性应用的伦理学方法,以减轻某些工具的机器学习模型数据处理当中的偏见。例如,莱尔与奥姆提出对歧视性机器学习模型的"数据操控"阶段干预方法。比如,通过检查模型促进训练数据中差异转化为预测差异的方式,有意为少数群体生成模糊的预测规则(Lehr and Ohm,2017:704)。然而,只有当我们可以追踪算法的真实数据处理过程之时,才能做到这一点。米特尔施泰特等人(2016)认为,由于算法的数据处理以及人类识别和(或)纠正算法的数据设计能力(如意识和教育)日益复杂,算法的可溯性也变得更差。此外,关于这一点还存在另外的审视角度。鉴于算法作为 Northpoint 背后私人公司的专有产权受到保护,安格温及其同事(2016)不得不在没有进入 COMPAS 软件"操控数据"阶段(Lehr and Ohm,2017)的情况下,为"机器偏见"研究提供证据。然而,他们对于这一系统的批评因其背后私人公司的商业利益而变得复杂。因此,他们只能通过比较不同的数据集与公共记录请求(Larson et al.,2016)来研究其"运行模式"(Lehr and Ohm,2017)。这种社会技术工具的不可访问性和"自主性",由人类以公司利益的方式来强制实施,这本身就是一个伦理缺陷。因此,这不仅仅是技术复杂性与人类教育和能力的问题,也是社会权力关系以法律保护或自由形式运行的结果。因此,缺乏可溯性不能被简化为技术复杂的自主道德能动者与人类个体能力之间的冲突。正如帕斯奎尔在"道德机器"案例研究中所说明的那样,一般的社会权力关系与利益就是通过阻止对运行模式数据设计过程的访问,使得对其审查与干预变得复杂难行。

人工智能政策中的数据伦理治理

对于政策制定者而言,"数据伦理治理"可以发挥什么作用呢?帮助他们解决人工智能问题吗?这一点在本书第一部分已经有所提及,本章当中我们将对此进一步展开论述,我们需要解决社会技术系统中本然的复杂性，以便为其提供指导。"人工智能伦理"本质上属于一种应用于人工智能系统设计的方法，这一点将引领我们踏上这个问题的解决之路。然而，仅仅改变人工智能设计并不会改变社会技术发展方向。我们需要做的是在错综复杂的人类社会的权力与利益背景之下，关注人工智能的分布式道德能动性。

在本章当中，我将人工智能系统自主性看作是一个需要解决的伦理问题。随后，我探究了人类对于人工智能研发和应用的干预程度，并将其作为应用"人工智能伦理"方法之时需要考虑的一个关键因素。我还特别关注了人工智能的数据处理问题。通过对人工智能的自主性水平以及人类在人工智能中的干预程度研究，我发现这两个问题可以在人工智能研发的微观环境当中得以解决。另外，我还在人类社会权力机制的宏观层面上考察了人工智能系统自主性——人工智能自主性与人类权力水平由社会中不同利益博弈所决定。基于以上研究，我们现在可以看一下与"数据伦理治理"相关的例子。这些治理手段可能有助于形成具体的公共政策提案与举措，从而解决人工智能自主水平以及其中牵涉的人类权力等问题。

"捍卫人类权力"的法律框架

帕斯奎尔在他的《黑箱社会》(2015)一书中提出，法律框架是为他所描述的"显式社会"而建立的。在这个社会当中，决策过程总是让所有参与其中的人类——无论在技术、组织还是社会层面——都能充分理解意欲何为。这就需要他所说的"人性化过程"(Pasquale，2015：198)来辅助实现——创立公司并进行决策实践，将"人类判断"与干预纳入自动化决策过程中来(Pasquale，2015：197)。帕斯奎尔提供了一些具体的实施方案。例如，当人类专家对于一项技术的理解不充分之时，可以告知政策制定者(Pasquale，2015：197)。然而，正如他后来在2020年出版的关于机器人法则的书中所阐述的那样：我们真正需要的是一套"捍卫人工智能时代背景下人类专长"的通用框架(Pasquale，

2020)。这里,我们想到了 21 世纪 10 年代欧洲制定的具体立法框架的例子。正如我在前面所言,《通用数据保护条例》第 22 条关于自动化个人决策与用户画像的法律规定(《通用数据保护条例》,[EU] 2016/679),就是为了确保此类系统当中的"人类因素"。在 2020 年,欧盟委员会进一步公布了《数据治理法案》(DGA)、《数据服务法案》(DSA)和《数据市场法案》(DMA)这 3 个提案,总体目标在于限制大型网络平台的权力,或者也可以将之称为"守门员"[①]。例如,《数据治理法案》呼吁投资并支持可信的"数据中介"(即数据信托和管理模式)发展,以平衡大型大数据网络平台与个人之间的数据不对称关系。另一方面,《数据服务法案》强调了在自动内容审核与数据访问方面的保障措施,以针对大型网络平台人工智能系统进行外部审查与风险评估。

以自下而上的治理方法实现人工智能系统中的人类干预

《通用数据保护条例》以及 2020 年拟议的《数据治理法案》《数据服务法案》和《数据市场法案》等监管框架作为自上而下的要求对于人工智能研用发挥了重要作用。同时,其他自下而上的治理方法也可以实现人工智能研发、应用当中的人类干预。例如,公共机构可以战略性地利用公共采购来鼓励具有高水平人类干预的人工智能系统发展(Hasselbalch, Olsen and Tranberg, 2020)。政府与政府间的投资计划可以支持那些凭借伦理维度上的创意、产品与服务而在全球市场上脱颖而出的初创企业。在设计与研发等微观层面,工程师与研发人员需要利用一些工具方法在其算法与机器学习模型当中加入人类干预的成分,例如"人机协同"方法(Zanzotto, 2019)、可解释性与可追溯性技术(Gilpin et al., 2018)、匿名化技术(Augusto et al., 2019)以及风险验证、确认与评估工具(Menzies and Pecheur, 2005)。为了实现这一点,可以实施培训计划来提高开发人员的能力与意识,

---

① 见欧盟委员会的《数据服务法案》一揽子计划(2020 年 12 月)和《数据治理法案》(2020 年 11 月)。

并且指定允许共享的技术工程标准。

总而言之，诚如这些例子所示，在上述政策背景之下，人工智能"数据伦理治理"不仅仅是发现并限制人工智能设计本身的道德能动性与伦理影响。而且，它意味着要将人类与非人类能动者的分布式道德能动性涵括在整个环节当中。

人工智能的数据伦理影响

适合于 AISTIs 管理的权力数据伦理必须包括 AISTIs 的特殊权力机制。在结束本章之前，让我们一起思考一下 AISTIs 的特定权力与数据伦理影响。我们知道，尽管与传统基础设施不同，但就像桥梁、街道、公园、铁路和航空一样，存储处理大数据的人工智能系统的计算机硬件与软件嵌入我们的社会当中，构成了我们的空间环境。例如，道路与桥梁是构成社会的基础物质架构，能够方便或限制人们出行。然而，在映射与表达人类动机、道德与社会法律方面，它们可以说是相对被动。相反，AISTIs 改变了空间的客观物理属性。确切地说，它们将空间转化为相互关联的数字数据。例如，"地理人工智能"（GeoAI）（Krzysztof et al.，2020）就是这样一个用来描述人工智能系统与地理信息的集合的术语。该系统基于包含地理参考信息的数据[GPS 轨迹，遥感图像，基于位置的社交媒体，建筑物、道路和邮件包裹的空间足迹，全球海拔数据，土地利用和土地覆盖数据，人口分布等（Hu et al.，2019：2）]开展相关分析。

然而，AISTIs 不仅仅是物理空间的数字数据延伸。回顾拉彭塔对于 21 世纪"地理媒介"的描述（Lapenta，2011），我们发现 AISTIs 基于个人数据处理可以允许或拒绝人们的访问，也可以把我们锁定在特定的位置之上，这就构成了一种中介空间，将人体、社会和个人经验、物理空间与位置合并为互相关联的数字数据。在将它们整合到虚拟基础设施设计好的空间架构中时，模糊了它们之间彼此的界限。通过这种方式，AISTIs 就可以作为"新的组织与监管系统"来整合并组织社会互动(Lapenta，2011：21)。

"地理媒介"形成了我们日常生活空间与中介数据空间的融合。相关应用包括导航工具，如谷歌地图与其他基于地理位置的相关服务，如 Uber 和 Lyft 的拼车服务。另外还包括"地理空间情报系统"(Sentient)，在撰写本书之时，它正在由美国情报部门出资进行研发。其理念是：基于世界卫星图像信息，利用时间与位置信息整合所有数据，最终助力美国军事与情报部门实现即时性全方位人工智能分析与战略发展(Scoles，2019)。

可以说，AISTIs 是积极的基础设施实践者。它们根据所学辅助自我感知、学习与行动，并基于相互关联的大数据环境自主或半自主地进化升级。通过自主决策行为，它们积极地塑造着自己所在的空间。我想在这里说的最重要的是，AISTIs 因此也积极地参与改变着人类伦理体验与批判性实践的结构。也就是说，它们构成了一种伦理体验。列斐伏尔将这种空间构造描述为不仅具有"存在性"，而且具有"体验性"。它是由身体的运动及其对边界与方向感知而得以界定。他将其称为一种"具身体验"(Lefebvre，1974/1992：40)。也就是说，正如我在本书第一部分所描述的那样，空间兼具物理性与社会性。但更重要的是，它具有人类生活性与体验性。

按照这种思路来看，我们也可以认为 AISTIs 是积极的自我生产空间，它放大了我们对于特定科学、意识形态和审美范式的体验。正如历史学家保罗·爱德华兹(Paul N. Edwards)所言，AISTIs 体现了现实生活中控制与秩序的现代性(Edwards，2002：191)。例如，想想亚马逊 21 世纪 10 年代部署在其仓库当中的自动化追踪与终止系统，它们由亚马逊员工亲自体验，他们被催促着将打包"速率"提升至每小时上百件(Lecher，2019-4-25)："亚马逊的系统跟踪每个员工的生产率，并根据其质量或生产力自动生成警告或解雇指令"[1]。或者

---

① 从 Verge 获得的文件：https:/ file/16190209/amazon_terminations_documents.pdf。

想想印度安得拉邦学区中学生的经历。在那里，微软公司的 Azure 机器学习系统被用来识别那些存在辍学风险的学生。据报道，在 2018 年，该人工智能工具基于对性别、社会经济人口统计、学业成绩、学校基础设施和教师技能等数据的预测分析，识别出 19 500 名具有高辍学风险的学生（Surur，2018）。

总之，借助大数据我们创造出了一个可量化、可预估的空间，而且它可以随时发挥作用。借助人工智能，我们创造出了一个能动者，其充当着大数据基础设施的首脑，而且恰恰就是这一能动者将被用于应对未来机遇与风险。因此，AISTIs 不仅能创建空间，它们还是"命运机器"（Hasselbalch，2015），通过利用过去（大数据存储库）来作用于个人与社会，其唯一目的就是控制并且具化现实与未来，使之成为系统设计边界之内的有用之物，而系统设计是由系统数据当中的不同利益博弈所决定的。

换言之，AISTIs 是通过大数据流相互关联的时空架构，其在世界当中的能动性被一种看似随机的数据互联性所赋予，正是这种互联性告诉了我们每个人在更大架构当中所处的位置。然而，这是一种不涉及人类意向的能动性，它对我们每个人真正想实现的目标或我们集体应该实现的目标寥然无趣。AISTIs 为我们提供了类似于"全能"侦探德克·金特里（Dirk Gently）那样的能动性。他说过，"我还没到达目的地，不过也许此处就是我该安身立命之所"①。德克接受了自己在宇宙中相互关联的事物中的位置，而这些事物一次又一次地把他带到了跨越时间且毫无意义的地方。最终，他以任何人、甚至是他自己都完全无法理解的方式解开了谜团。在这一过程当中，他没有怀疑，也没有携带任何意向，因为他知道宇宙终将永远把他带到自己该去的地方。就其本身而言，这就是 AISTIs 对于人类权力与能动性的核心伦理挑战。

---

① 摘自道格拉斯·亚当斯（Douglas Adams）的《灵魂漫长而黑暗的茶点时间》(1988)。

第 4 章

数据利益与数据文化

请换一种方式告诉我你在从事科技行业。

——特威特(Tweet，2021)

在为本书做研究并且积极参与"数据伦理"与"可信"人工智能政策和倡导者社区当中之时，我遇到了许多人工智能开发者，他们正在研究所谓的"伦理人工智能"解决方案。然而，我发现大家对于人工智能数据的伦理处理方式的理解可谓"人心不同，各如其面"。一些出于社会目的研发人工智能的开发者可能认为仅用部分数据"不符合伦理"；而另一方面，一些人工智能开发者则主张更严格的隐私保护规范，并相应地在人工智能开发当中确保数据使用最小化。尽管从表面上看，他们共同参与了"伦理人工智能"运动，但他们仍然没有形成一个共同的概念框架，将其用于解决技术开发当中不同数据利益之间的冲突。在我看来，他们代表了不同的数据文化，在数据方面有着不同的价值与利益诉求，并在不同的——有时可能冲突的——意义概念地图当中有所探索。

总之，在与人工智能开发者的交流过程当中，我发现，在数据密集型技术的开发过程之中，始终难逃诸多数据利益的左右。

正如我采访的一位人工智能开发者（她同意我在此引用）向我解释的那样："人工智能对于数据有着极度的渴求。因此当我们构建一些东西之时，我们同时也会想：哪些应用程序接口（API）可以为我所用。谷歌、必应（Bing）、亚马逊提供的应用程序接口，我能从哪个当中获得数据并拿来即用……"

然而，她也担心自己这些云共享数据的安全性："我们只知道它们具有数据安全的隐私政策，但我们却对具体条款一无所知。说实话，我的确不知道。"面对她的担忧，我进一步追问她作为一名人工智能开发者使用这些平台的好处。她回答说："这些平台具有良好的硬件，在这些平台上运行程序可比在我的电脑上要快得多，因此我获得了速度红利。"

　　通过这种方式,她在用户、云服务提供商与人工智能模型的数据利益之间进行权衡,并做出了设计选择。访谈过程当中,她还回忆起一个案例:一个特定职业群体的数据利益最终战胜了一个企业客户的数据利益。具体情况是这样的:作为开发者,她想要将员工的业绩数据用于其正在为客户设计的人工智能系统之中。然而,她不得不与保护员工利益的行业工会进行协商,因为从这些数据当中可以推断出个别员工的业绩表现。当被问及工会是如何介入之时,她透露了另一种基于数据利益之间博弈与权衡的设计选择:"为了使用员工相关数据,我们需要与工会开展协商,最终我们放弃了这种设计选择。"

　　为什么一个数据设计师在考虑所研发的技术数据设计当中的不同利益之时,会做出她这样的选择呢? 她的文化环境起到了什么作用呢? 在这一章中,我们将尝试去理解并研究社会技术基础设施(如AISTIs)的技术组件(意义制造文化系统当中实现利益表达的物质形式)的微观环境。我认为:理解这种意义的文化组织对于社会技术变革中复杂的"伦理治理"至关重要,因为共享意义的文化概念地图将使我们能够在共同理念与目标指引下采取行动。

　　在前面的章节,我们将社会技术变革形态看成是人类和非人类因素的复合体,这些因素共同体现在社会技术的设计、采用、使用与治理之中。然而,正如我将在本章继续论述的那样,它们并不是被任意地连在一起。相反,社会技术变革是由政治与文化制造而来,这就意味着它不是"中立的"或者"自然的",而是嵌入了某种利益。准确来讲,这种变革甚至不能用"它"来形容,正如在"伦理人工智能"设计运动的例子当中所说明的那样,应该用"许多"来形容:许多嵌入的利益、许多固有的文化,许多世界观、优先事项和概念框架,或和谐共存,或互相冲突。这也就意味着,使变革得以巩固的"技术动量"(Hughes,1983,1987)来自上述多个方面文化利益之间的相互妥协与博弈。

根据休斯的观点，社会技术系统进化的每个发展阶段都会产生特定的"技术文化"，他也将其定义为社会技术系统及其所有嵌入利益所处的环境（Hughes，1983，1987）。或许，我们可以认为社会技术系统文化是一种特殊的"常态"（Kuhn，1970），是设计其技术组件的开发者、管理其社会接纳的立法者以及将其纳入日常生活的实践者的知识基础、世界观与概念框架。正是文化决定着这一系统的技术动量。这里，我们的基本观点是：相互竞争的文化以及因此产生的竞争性利益，要么融合成为技术动量的主流文化，要么消亡灭绝（Hughes，1983）。因此，技术变革首先就是利益之间的协商博弈，也是人类权力与领地的利益问题。

利益与技术

大型社会技术系统（如 AISTIs）在多方关系组合当中转变与进化。每个变化都代表了系统过去的知识、偏好、需求与可用方法。例如，私人人工智能助手就是这样的一种软件程序，能够通过回答用户问题与执行用户指令的方式同用户进行互动。基于语音识别与机器学习等多种人工智能组件，它们能以个性化方式代替用户执行操作或者回答用户的问题。在某种程度上，我们可以将其视为 AISTIs 技术设计中的个人代表。然而，它们以何种方式代表个人呢？数据保护法对于助手的数据设计提出了相关法律要求；技术研究领域对于其技术与社会潜力进行了界定；开发者对其预定目标与优先事项进行了设计；背后的公司为了迎合其营销目标就数据设计制定了相关要求；人工智能助手的用户通过自我个人数据塑造其学习过程……所有"行动者"都带着各自预先设定的要求与优先事项，共同塑造着个性化人工智能系统。其中，既涉及法律、个人、社会、经济与政治利益，同时还涉及已知与未知、可能性与必然性、美丑好坏的世界观与知识框架。然而，实际上在其最终的设计当中，并非所有的利益都能得到同等彰显。

仔细研究微观文化历史与嵌入社会技术系统各个组件的利益，我们发现，从宏观角度来看，社会技术发展模式几乎是随机而为，至少可以说是无章可循（Misa，1988，1992）。例如，如果我们只去观察单个的私人人工智能助手设计，它似乎仅是一个能在特定情境之下以个性化方式为用户提供特定服务的助手。然而，如果我们从其所属的社会技术系统一般演变模式来对其进行研究，我们就会发现，该系统的所有组件包括这个私人人工智能助手，往往都往一个方向上趋同。它们都属于知识与意义制造的共享系统地图。其中，不同利益之间的冲突通过协商得以解决，或者最常见的情况是，由特定的技术动量所支配（Hughes，1983，1987；Misa，1988，1992；Edwards，2002）。

这里需要理解的是，技术动量并非在某个单独的社会部门或利益相关团体（比如，技术开发过程的投资者）当中形成。正如休斯所言，尽管实际上技术系统开发很大程度上受到机器、设备与结构当中金融投资的影响，但是仅靠金融投资并不能推动技术发展（Hughes，1983：15）。技术动量离不开从企业家、投资者再到专业协会、组织以及商业、政府、教育机构等各个社会参与者的多方努力，这也是他所说的"支持性文化或背景"（Hughes，1983：140）。

现在，回到我们所说的私人人工智能助手这个例子之上，我们可以将其看作是多种数字形式的个人助手。实际上，通过检查其设计当中的利益组织，我们的确可以将其技术动量中的一般文化形态或"样式"（Hughes，1983）识别出来。21世纪10年代的私人人工智能助手是由世界领先的美国技术公司的技术动量所普及开来，具体表现为手机、平板电脑或语音系统的集成组件，例如亚马逊的Alexa、苹果公司的Siri、谷歌Now语音助手以及微软公司的Cortana（Bonneau et al.，2018）。这些大型网络平台与技术公司的产品服务（如私人人工智能助手）的"大数据技术动量"，在整个21世纪之初以及21世纪

10年代初期，在公共研讨当中，在开发者与用户群体里，甚至有时候在政策之中（如欧盟的某些数字单一市场战略以及个别成员国的数字化战略），都充斥着大数据的"支持性文化"与"思维模式"。然而，正如我一直在本书中所说的那样，这种技术动量在21世纪10年代末也陷入了危机之中，特别是对于许多大数据产品与服务的数据伦理影响的批评检举逐渐增多。例如，人们对于私人人工智能助手提出了批评，并且表示担忧，害怕它们可能会在用户不知情的情况下识别用户声音，还可能存储处理用户的个人数据。特别值得一提的是，人们对于隐私以及这些服务背后商业参与者与用户之间权力与利益优先级排序等问题深感担忧（Chung et al.，2017；Lynsky，2019 - 10 - 9；Maedche et al.，2019）。

在21世纪20年代初，人们发现，嵌入大型网络平台产品、系统与服务中的利益分配，以及科技公司的大数据科技动量必须进行变革。一种替代性技术动量"支持性文化"（即将个人利益放在首位）开始出现，如在公共话语、标准化（如IEEE P7000s标准项目）、拥有不同数据设计和技术（如"数据信托"和"个人信息管理系统"）的企业家和发明者、拥有新型数据处理和监督（新"数据管理模型"）的公司与组织、促进不同类型"数据中介"的法律框架等方面。

利益相关方的利益

现在我们已经认识到，社会技术系统的进化掺杂着各种利益。当系统获得技术动量之时，不同利益得以协商，不同利益之间的冲突得以解决，与此同时一些利益被赋予了优先级。以此为出发点，我们可以试着思考一下不同社会组织或利益相关团体的利益。这些不同的利益相关团体是如何通过不同类型的意义创造来促进社会技术系统形成的呢？这些团体是如何及时确定系统成败、解决冲突并且提供应对方案的呢？维贝·伯杰克的研究表明，这些技术团体所做的事情之一就是制定并提出"技术框架"、概念与技术，从而解决相应问题(Bijker，1987：168)。这些"技术框架"被嵌入了框架提出者的利益(出于微观层面的科学、个人或技术原因，或出于宏观层面的政治经济与意识形态原因等)。同时，它们影响着关键问题的解决方式，进而影响系统的进化方式。

就"伦理治理"而言，对于受到技术影响的社会主体地位的长期评估至关重要(Rainey and Goujon，2011)。其中，核心评估机制就是主动确保多元的价值观与理念能够被启用并纳入技术开发和审议过程之中。正如在互联网治理背景之下，"多利益相关方的方法"在信息社会世界峰会(WSIS)进程中被提了出来，以此确保所有利益相关方的利益都能得到兼顾。这些利益相关方或者参与了互联网开发，或者受到了技术的影响，包括民间社会团体、技术社区以及相关行业与政府(Brousseau and Marzouki，2012)。然而，实际上任何法令在将多种利益相关群体纳入政策进程的同时，都无法确保能够公平地平衡其相应的权力。

在 21 世纪 10 年代，许多不同利益相关团体在官方团体与机构中都有自己的代表，并且在欧洲关于 AISTIs 的公共研讨与政治议题当中也有明确的发言权。这些团体包括行业协会、国家消费者组织和泛欧组织[如欧洲消费者组织(BEUC)；数字权利非政府组织，如算法监视组织(AlgorithmWatch)]、国际隐私保护组织(Privacy International)、即时获取组织(AccessNow)、欧洲数字权利组织(EDRI)；欧盟成员国；国家数据保护机构；欧盟委员会各总司等欧盟机构；欧洲数据保护监管局(EDPS)和欧洲创新与技术研究院(EIT)等独立的欧盟机构；国家政党；欧洲议会政治集团。此外，其他非组织利益相关团体也参与其中，包括各种用户团体、独立专家、活动家、记者、学界及私人公司。

然而，民间社会团体与行业团体的这些参与和贡献之间的平衡往往会由于手段与资源的可得性差异而被打破。"伦理治理"需要的不仅仅是一个意向或者法令，它需要的是了解社会当中不同团体的需求与局限，并有意识地努力予以满足和调整。现在，我们将通过追踪利益相关团体在治理措施中的利益，特别是他们在官方法律与政策文件及声明当中参与和发声主导地位，继续探索技术动量的发展方向与形态。然而，我想说的是，这些利益与价值不仅仅与不同利益相关团体有关。这些利益团体可以通过判断（例如，他们在机构活动和环境当中的参与情况）而被轻易地识别出来，予以分类。正如我们在本章开头（关于利益会影响关注隐私的人工智能开发者工作的例子）所看到的那样：利益的复杂结构绝非三言两语就能厘清。社会技术设计之中的利益与价值错综复杂，遍布于社区"技术框架"、公司目标、技术限制、各种法律质量标准以及个人偏见、需求与愿望之中。因此，我在这里主张，"伦理治理"需要对社会技术变革中的利益采取一个更加全面的分析视角，将其看作是一个复杂因素构成的集合体，这些因素共同形成共享的知识框架与世界观。由于不同利益相关团体之间的文化往往互不相容，这些社会技术变革也可以透过文化来得以辨识。

社会背景下的利益

本小节的议论基于"不同利益有着不同的背景"这一论点展开。这些利益是在不同的经济与社会背景下得以形成，因此代表了社会当中的结构性权力机制。作为一个经典的社会学概念，"利益"通常被视为一种社会行为的决定性因素，或被理解为一种社会发展的分析类别（Spillman and Strand，2013：86）。在微观层面上，利益可以从个体与利益相关团体的行为当中识别出来；在宏观层面上，利益可以从政治、意识形态与经济行为之中析取出来。这些"利益驱动行为"往往以目标为导向来践行（Spillman and Strand，2013：98）。换句话说，这些行为有着明确的主体与客体分工。而这些主体、目标与客体的定义方式以及其中相关利益的自由程度则是多种因素综合作用的结果。

"能动性理论"关注的是不同当事人的利益如何在能动者间达成平衡，这些能动者在社会当中的行为代表着他们各自的利益（Spillman and Strand，2013：91）。我们可以拿大数据人工智能基础设施研发过程当中不同的利益相关团体的成员为例。正如前文所述，他们在公共讨论与政治当中由一系列机构与组织所代表。然而，一个利益相关团体中的某一成员不一定与在政策制定与公共研讨时代表自身的能动者中所有其他成员有着相同的利益。因此，一个行业协会在法律改革协商时的游说活动并不只是代表着"行业自身"利益。在为某个条款的措辞进行游说之时，协会代表了不同成员利益之间的博弈与妥协。

利益与价值敏感设计

接下来，我们将继续思考 AISTIs 的分布式能动性。鉴于社会之中的利益在部分自主的非人类能动者技术设计当中得以表征、分布、实现的频次日渐增多，因此将技术设计作为一个伦理意义上的"非中立性"利益能动者（即代表社会中不同利益之间妥协的能动者）来予以研究则有其重要价值。这里，我们将使用上一章中提及的价值敏感设计（VSD）框架来应对计算机设计在强化利益相关方的价值以及有意分配其能动性之时的道德能动性问题。在价值敏感设计当中，利益与不同利益相关者所持有的价值相关，而这些价值可能会被计算机技术设计强化或者抑制。

20 世纪 90 年代，弗莱德曼与尼森鲍姆研究了计算机系统设计当中的不同偏见。这些设计会系统地支持某些不公平的决策，使之有利于或不利于某些群体。基于对具体计算机系统的分析，他们总结出三种方式来辨别设计当中嵌入的偏见：

"预存偏见"（pre-existing biases）来自计算机系统外部，它们"生活在"社会制度当中，存在于开发者的个人偏见或态度之内，并被机构与个人有意识地或无意识地嵌入计算机系统之中。

"技术偏见"（technical biases）来自"技术限制或技术考量"，如硬件或软件的限制，或特定算法的使用。由于应用环境的限制，系统无法平等对待所有群体。这种偏见不仅体现在伪随机数生成过程的瑕疵之处（例如，系统偏向于选择出现在数据库末端的数字），同时也体现在我们在上一章提到的分类系统中（例如，系统不能细致全面地再现具体的年龄变化过程）。

"涌现偏见"（emergent biases）只有在计算机系统被用于人口或文化价值发生变化的特定情境中时才会出现。例如，当一个为特定用户群体设计的接口被用在其他情境中时，其他有不同需求的用户可能无法得到该接口的充分支持（Friedman & Nissenbaum，1996：333-336）。

基于以上分类，弗莱德曼与尼森鲍姆认识到，计算机系统之中的偏见不仅仅是技术问题，也是一系列社会、技术甚至是个人有意识或无意识的综合作用产生的结果。所有这些因素都会对不同价值与利益在系统之中的定位及其处理方式的特定设计产生影响。最关键的是，这说明了计算机技术设计是如何在不同利益相关团体所持不同价值之间做出妥协的。

因此，使用价值敏感设计的目的在于开发出一种分析框架与方法，以解决计算机技术设计当中不同利益相关方的需求与价值之间的冲突（Umbrello and De Bellis，2018；Umbrello，2019）。通过这种方式，技术中的内在利益冲突被看作是需要在计算机技术设计与实际应用中得以解决的伦理困境或道德问题。同样，这种方法也试图将不同利益相关团体持有的不同价值工具化，并将它们直接引入设计过程当中进行处理（Umbrello，2019：3）。

例如，随着"利益"越来越多地被嵌入数字数据技术之中，我们可以通过价值敏感设计框架来审视隐私问题——作为利益相关群体（如数字权利组织）持有的一种价值，它如何受到数据密集型技术设计的不利影响？然而，正如前文所说，我们也可以提出一种替代性技术,让其在设计时特意加入保护隐私的组件(如"隐私设计";Cavoukian,2009),以提高隐私价值。

21世纪10年代末,在关于人工智能偏见性应用的一系列现实例子中,有一种声音一直此起彼伏。他们认为:计算机系统可能早在设计之初就已经嵌入了某种偏见,因此当被用于替代人类做出决策之时,它们可能会做出带有歧视性的决定。例如,2020年对美国波士顿患者群体的研究显示:对等待肾脏移植患者健康状况进行评分的算法,通过设计,将种族作为其评分考量的一个类别,给非裔美国人打出了更高的健康评估分数(Simonite,2020 - 10 - 26)。另一个例子来自Beauty.ai美妆大赛的机器人评委。它本应为人类提供一种绝对的人类审美标准,然而人们却发现,它倾向于将浅色皮肤的参赛者作为训练数据的来源。还有一个例子来源于数码相机的面部识别软件,这些软件将亚裔的照片污名化为眯眯眼的歧视形象(Mehrabi et al.,2019)。

在重点关注技术设计的同时,越来越多的价值敏感设计学者正在将其视线由利益相关方的价值扩展到技术设计协商的治理环境当中。史蒂文·乌姆布雷洛(Steven Umbrello)研究了利益相关方的利益在"人工智能协调"(他所说的"有益的人工智能"研究与开发中所涉及的利益相关方的协调)中的协商方式,这可以看作是价值敏感设计方法应用的一个典型案例(Umbrello,2019:4)。在这个例子中,作者研究了英国人工智能特别委员会关于多利益相关方的政策进程。该委员会由英国政府于2017年任命,专门负责考查人工智能的经济、伦理与社会影响并提供相应建议。具体分析流程如下:首先,识别委员会证据报告当中的具体价值(数据隐私、可访问性、责任制、问责制、透明度、可解释性、效率、许可性、包容性、多样性、安全性和可控性);接着,直接从参与委员会的各利益相关团体(学界、非营利机构、政府机构和行业营利机构)当中追溯这些价值;最后,对它们在报告当中的价值分配进行等级排序(Umbrello,2019:7)。

数据利益

基于前面章节，我们已经知道：权力分布在大数据社会信息架构当中。因此，数据可以被视为构成 AISTIs 与 BDSTIs 架构的重要资源。自然而然，数据也就成了社会利益的锚点。这就是我为什么认为我们需要对所说的"数据利益"尤为警惕。数据利益可以被定义为一种隐藏在数据技术设计之中的动机或意向，在存储、处理与分析数据时支持某些利益的能动性。这里，我将数据利益看作是一种为满足特定需求、价值或目标而在数据上采取指令性行动的意向。其中，最重要的是，要将数据看作是一种资源。类似的数据利益包括：数据之中的政治利益、商业利益、科学利益、技术性人工智能模型利益或是个人数据当中的个体利益。我认为，所有这些利益不仅交织在数据技术的设计之内，而且融合在了试图塑造 AISTIs 与 BDSTIs 演变的治理活动当中。

我提议，我们应该尝试去探究如何将不同利益融合在一般知识框架以及基于价值的世界观之中，通过标准化实践、研发与采用的方式，来塑造 AISTI 或 BDSTI 等社会技术系统的技术动量。

让我们看两个关于数据利益作用于智慧城市 AISTIs 设计与发展过程的例子。

第一个例子来自巴塞罗那，它是欧洲第一批实施"数据驱动型智慧城市基础设施"智慧城市倡议的国家之一。这些基础设施包括：能够搜集有关交通、能源与空气质量等数据的广泛物联网（IoT）传感器网络；拥有 6 000 辆自行车的自行车共享系统；能够引导司机到达空闲车位的地下无线传感器；具有智能数据收集垃圾桶的垃圾管理系统；以及具有检测何时需要照明的智能传感智慧照明系统，并且该系统能够减少热量的产生节约能源（Heremobility，2020）。当然，这个数据密集型网络还包括人类用户数据，它能感知并且作用于移动环境，但大多数在城市中生活的百姓对此熟视无睹。相反，那些希望从这些数据资源当中获取利益的所有大型主体对其存在却是洞若观火：商业主体希望利用这些数据来个性化训练并提升服务；科学家希望利用这些数据改进其实验结果；国家主体希望利用这些数据使服务与流程更为高效，并能更好地掌控城市。因此，巴塞罗那的智慧城市 AISTIs 数据资源当中融合了多方不同利益。其中的主要风险在于：在城市的数据设计过程之中，只有部分主流利益得到了满足。然而，在 2015 年，新任市长阿达·科洛（Ada Colau）与城市首席数字技术兼创新官弗朗切斯科·布里亚（Francesca Bria）一道将智慧城市规划引领到了全新的方向。他们将城市的基础设施转变为"人民共享、人民共治"的数据基础设施。为此，他们为巴塞罗那市制定了一个全新的数字化转型议程——将"数据视为公共财产"。具体议程包括：向城市企事业生态系统开放数据；将中小企业纳入信息与通信技术部门；赋予公民权利，让他们能够有选择性地披露自己想要分享的信息（Heremobility，2020）。同时，巴萨罗那与阿姆斯特丹还成为欧洲 DECODE 项目的试点城市，该项目制定了新的智慧城市规划与工具，使得公民能够自主选择数据的分享方式以及分享对象[①]。

第二个关于数据利益在城市设计当中发挥作用的例子是中国科技巨头阿里巴巴开发的"城市大脑"人工智能数据系统。该系统能实时监控杭州市道路上的每一辆车，极大地缓解了交通拥堵。不仅如此，它还具备其他广泛的应用功能：持续监控交通视频录像，留意碰撞或事故迹象，并提醒警方；集中管理来自交通运输局、公共交通系统、地图软件以及数十万台摄像机的数据。通过上述方式，它不仅可以自动检测交通事故并做到快速响应，而且还能实时追踪违规停车等非法行为（Beall，2018 - 5 - 30）。与巴塞罗那的数据系统一样，城市大脑中数据系统同样有利益介入。然而，这两个智慧城市最关键的区别在于：城市大脑基础设施设计之中并没有纳入公民的监督与

[①] DECODE 项目参见：https://decodeproject.eu。

控制。杭州城市系统产生的海量数据主要服务于执法部门、中国政府与私营公司(阿里巴巴)。

在 21 世纪 10 年代,具有不同偏好的各种技术文化在全球舞台上百家争鸣,为了决定当下 AISTIs 与 BDSTIs 的设计方向而"八仙过海、各显神通"。正如上文提及的来自世界不同地方的两个智慧城市案例所示,不同技术文化偏好体现在它们会通过设计满足数据当中特定的利益模式。我们在设计人工智能的过程当中需要批判性地看待这些利益,对于我们在设计数据密集型社会技术基础设施的组件之时行使了哪些权力要做到了然于胸,比如:民主权力、垄断权力、独裁权力或极权权力。我们为什么要这样做? 可以说,凡此种种皆是人为赋予。在这一过程当中,我们有意识地创造权力、提供权力,并且分配权力。

为了推进对于人工智能设计与开发当中数据利益的进一步探索,我提出了基于关键数据隐喻的五个主题群:"作为资源的数据""作为权力的数据""作为调节器的数据""作为视觉的数据"以及"作为风险的数据"。下面,我将逐一予以介绍(Hasselbalch,2021,有改编和修订)。

作为资源的数据

谁提供了数据资源? 谁在数据资源当中拥有利益? 数据资源是以何种方式得以分配? 人类又是如何受益的?

"作为资源的数据"关注的是数据设计的数据资源分配当中的不同利益。如果数据是一种资源,那么它也可以从其所代表的人或物当中分离出来。数据能够以一种结构化或非结构化的方式在系统中"被提供""被访问""被集中""被标记""被提取""被使用""被处理""被收集""被获取"以及"被置入"。资源是一种有形的、空间上的东西:我们可以拥有它,也可以把它放在容器当中或在其周围建立边界,还可以储存并且予以处理;当然,它也是一种可有可无的东西。

在关于大数据的公共话语当中,资源隐喻十分常见(Puschmann and Burgess,2014)。技术评论家萨拉·沃特森(Sara M. Watson)认为:公共话语当中个人数据的主流隐喻具有"工业性",仿佛它是一种需要经由"大规模工业流程"处理的"自然资源"。比如,迈尔·舍恩贝里耶(Mayer-Schönberger)与卡基尔(Cukier,2013)将数据描述为工业大数据时代进化的原始材料。然而,"作为资源的数据"这一隐喻实际上指代两种不同的事物:一种资源确实是工业流程的原材料,经过加工后可以变成产品;另一种则是那种使我们作为个体的人变得更加强大的资源,"资源丰富"也就意味着作为个体的人拥有能力、身体、心理与社交手段。换句话说,这里提到的第一类资源是有形的、物质的,另一类是社交的、心理的。实际上,两者都是语言学家乔治·莱考夫(George Lakoff)与马克·约翰逊(Mark Johnson)在他们的经典著作《我们赖以生存的隐喻》(1980:25)当中提到的"容器"隐喻:我们可以处理并推理的边界性的实体。

当然,作为一种资源,数据可以通过非常具体的方式得到保护与治理。在每一种情况之下,微观或宏观利益相关方的利益都被纳入了这些治理和资源处理框架之中。一般来说,各个行业的利益体现在其基于数据运作模式的原材料当中,比如:政治参与者的利益在于为人工智能创新提供丰富的数据基础设施,以利于其在全球市场开展竞争;工程师的利益在于利用大量的数据训练和改进人工智能系统;个人利益在于保护其个人数据的丰富性,甚至通过创建个人数据库来强化其数据资源并且直接从中获益(正如"数据信任"或"个人数据存储运动"所倡导的那样)。显然,将个人的心理与社交资源看作是工业生产线上的物质资源反映了数据利益之间的冲突。但除此之外,信息不对称性同样也在"数据富人"与"数据穷人"之间造成了非常明显的社会经济差距,这是在社会当中更为基本的结构层面之上的利益冲突。这样看来,数据不仅是人工智能技术的"原材料",本质上也是重要的个人资源。

将数据视为一种个人资源意味着需要通过保护数据来防止其对个人造成危害。个人数据保护就意味着针对个人社交心理资源予以保护，或者也可以说是保护"人格尊严以及精神与身体的完整性"（HLEG A，2019：12）。让我们再回到本章开头的例子中来，人工智能开发者会利用不同的数据资源来设计人工智能系统。这些数据资源既可以在她自己的计算机上加以处理，或者也可以使用更强大的云计算和人工智能平台，例如谷歌或亚马逊。然而，想要这样做，她必须与这些服务主体分享数据资源。如果优先考虑个人数据利益，在处理个人数据之时，她必须相信这些公司同样会把数据作为个体私人资源来予以对待。因此，对于这些服务主体的信任本身就蕴含着一种数据利益设计选择。其他主体同样也可能在数据资源当中拥有利益。例如，如果开发者正在设计一个人工智能系统以评估员工业绩，那么要求开发该系统的管理者的利益可能在于创建一个尽可能大的数据资源，能够评估员工日常工作中的每一个工作细节。管理者甚至可能希望从工作场所之外收集更多数据（如员工在社交平台的表现），以便人工智能系统能够预测工作场所的潜在风险（例如，员工在互联网上搜索公司或组织以外的工作）。反过来讲，员工利益在于将数据资源控制在一个特定的限度之内，防止公司进犯。同样，代表这些员工的工会可能也希望参与其中，从而保障其所代表的员工数据利益。

作为权力的数据

谁被授权或禁止数据访问与处理？数据设计是否支持了人类责任、权力与数据能动性？如何解决不同数据利益之间的冲突，从而为人类带来福祉？

"作为权力的数据"与"作为资源的数据"密切相关，因为资源分配其实也构成了权力分配。社会之所以能够正常运作，离不开社会团体、国家、企业和公民之间的权力平衡。例如，一个民主社会代表了一种权力结构。在这种结构当中,当权者的权力总是与公民个人权力相互平衡。在这里,我们可以从个人与在数字网络中收集并处理数据的机构、公司之间的"信息权力"与信息不对称性来思考一下权力机制。数据的访问或获取不仅与某些社会团体、机构和(或)企业控权相关,同样与民主和"公平"程序的功能有关。其中,对于信息的访问与对于数据处理过程的详细说明是"问责制"与"公平性"的基础。

总体而言,我们需要的是通过知情决策与选择来支持"人类能动性"数据设计,例如,对于数据以及系统流程的访问能够赋予调查记者或研究人员挑战人工智能系统的权力。记者或研究人员的利益体现在系统的数据之中,而公司为保持这些算法与技术设计为己专有,可能会对数据访问加以限制。例如,前文提到的"机器偏见"研究当中的研究者就没有权限访问用于被告风险评分的计算系统。只是有一次,他们偶然从 Northpoint 背后的公司那里获得了未来犯罪公式的基本信息。然而,该公司从未分享过具体的计算方法,他们坚称这些计算方法只为自身专有(Angwin et al.,2016)。

作为调节器的数据

数据设计过程当中法律的实施优先为哪些利益服务?人工智能系统的数据设计是否会增加法律的价值?不同法律框架之间的利益如何通过设计解决?

技术设计是一种能够用于保护或限制法律(Reidenberg,1997;Lessig,2006)的"调节器"。"作为调节器的数据"强调法律实施过程当中数据设计的作用以及法律在社会当中的落实。在理想情况之下,法律与技术设计能够相互补充,增加法律的价值。然而在现实当中,数据设计通常只是严格遵照法律要求,只有在少数情况下数据技术的某些特性才可能会与法律发生直接冲突。例如,人工智能的数据密度可能会直接挑战法律原则(如数据最小化、隐私与数据保护设计，或信息权和解释权）。数据设计当中不同利益相关方的利益也可能会与法律框架存在冲突，例如基本权利框架，其中个人数据利益首当其冲。举例来说，非民主国家主体的利益在于利用数据实现社会控制；某些公司的利益在于通过追踪并收集数据来强化它们的数据驱动型商业模式，而个人权利并不在其考虑范围；与之类似，科学家的利益可能在于运用大数据分析改善他们的研究。

作为视觉的数据

人类能"看到"数据过程和它们的影响吗？数据设计看到了什么（训练数据），然后感知到了什么（如何指导它对训练数据进行操作）？

视觉是数据设计中数据利益的能动性本身（我们能或者不能看到什么，以及我们如何看到它）。在理想情况之下，人类视线可以轻松地向外延伸。然而，毫不夸张地说，在一个基于数据的数字环境当中，我们用来观察与感知环境的仪器（我们的电子眼睛）已经深入数据设计环节，决定着我们实际能看到的东西的类别与多寡。

诚如前文所述，数据设计同样扮演着道德能动者的角色，因为它规定并控制着我们对于信息与数字化信息基础设施的参与情况。在数字系统当中，眼睛与视觉是一种隐喻式的存在。一方面，正如欧盟人工智能高级别专家组在《可信人工智能的伦理指南》当中所言，数据通常被描述为人工智能的传感系统[①]，基于该系统，人工智能形成自身行为模式；另一方面，数据也是我们人类个体的"眼睛"。例如，数据"为人工智能系统提供决策，涉及数据收集、数据标记及其算法方面的决策"（HLEG A，2019：18）。另外，这里使用的"透明度"这个概念通常指的也是其字面含义，表示我们能否清晰地看到数据流

---

① 例如，欧盟人工智能高级别专家组将人工智能的传感系统描述为："通过数据获取感知外部环境，并能解读所收集的结构化或非结构化数据，同时基于已有知识进行推理或处理信息，最终从数据当中得出实现既定目标的优化操作"（HLEG A，2019：36）。

程以及这些流程是否能够被记录与追踪。然而,数据的"黑箱算法"(Pasquale,2015)处理往往会遮蔽我们的视线,导致我们无法真正了解人工智能系统。可以说,可见性管理——新兴技术环境的可见性结构——构成了一种社会组织与权力分配模式(Brighenti,2010;Flyverbom,2019)。什么是可见的、什么是不可见的,以及最重要的一点,谁被授权透过可见性社会组织去查看具体数据过程,这些都直接影响了社会中的利益能动性。作为人工智能技术的数据设计,电子眼正是这样进行权力分配的。为了说明这一点,我们可以想象这样一个用于分析人们所享受的社会福利方面数据的人工智能系统。该系统为公共机构的社会工作者提供了一个面板,面板上包括一般的数据统计、欺诈检测以及个人风险评估。这个面板就是我们在人工智能系统当中的眼睛。在这种情况之下,只有社会工作者的数据利益以及希望掌控公共资源和优化工作流程的公共机构的利益才能成为该系统的眼睛。同样,我们也可以思考一下其他类型的数据设计。在这些数据设计当中,享受社会福利的人们能够通过数据访问获得他们的电子眼,进而在系统中具备能动性。比如,添加数据或更正缺陷数据,或者针对提供给他们的服务进行个性化设置。

作为风险的数据

数据设计对谁有风险?预防与管理确认性风险对谁有利?如何解决已知风险与人类在风险管理方面的利益(包括其对环境的责任)之间的冲突?

风险是当代政治、商业行为和公共话语当中普遍关注的问题。社会学家乌拉里希·贝克(Ulrich Beck)在其开创性著作《风险社会》(1993)当中描述了人们对于风险预防与管理的关注,认为这是工业社会带来的不确定性,也是现代化进程的结果。在现代化社会当中,未知事物层出不穷,与日俱增(Beck,1993)。当谈及人们对"世界风险"日益担忧之时,他表示,"风险并不是'现实',而只是有'变为现实'的可能性而已"(Beck，2014：81)。人们对于风险的担忧不仅表现为"对灾难的预测"，甚至将风险作为"即将到来的袭击、通货膨胀、新兴市场、战争或对公民自由的限制"来予以应对。要知道，人类描述风险的方式"其实预设了人类的决策，因为人类塑造着未来(的可能性、技术、现代化)"(Beck，2014：81)。

人工智能数据当中充满了我们希望预防与管理的各种潜在风险。正如前面四个数据隐喻主题群所描述的那样：数据通常与社会资源、民主、法治以及能动性的风险管理有关，而这种管理通过可见性得以实现。不过，在"数据作为风险"的数据隐喻当中，数据本身就被看作是一种必须被预测并管理的风险。比如：犯罪分子可能会攻击并危害人工智能系统中的数据；数据可能会泄露；数据可能由于故意或意外而损坏(HLEG A，2019：16)；当数据集中在数据中心进行处理之时，其碳排量会对环境构成风险。如果我们仍然认为风险本身并不具有"真实性"，而是基于我们对于未来可能出现情况的预测，我们可能会同样认为：风险拟定管理与预防是出于某种利益与动机。就人工智能开发而言，训练人工智能技术的人工智能工程师会关注那些可能影响其训练数据质量与精确性的风险，而数据保护专员则需要通过风险数据保护影响评估来考查可能会对已知个体构成的风险。就人工智能部署与采用而言，个人同样会对"数据即风险"有所关注，以保护自身数据安全，防止被非法访问；而反恐情报专员的风险场景涉及针对恐怖活动的侦查，因此他们可能会认为端对端的数据设计加密是一种冒险的设计选择。不同的"数据即风险"场景往往受到多方利益的影响，因此不同的设计选择会受到这些利益的影响与制约。这些选择可能彼此一致，但也可能貌合神离。

文化数据利益

我们可以从最传统的利益相关团体角度来思考数据利益，该团体的利益体现在 AISTIs 与 BDSTIs 当中所产生、处理与存储的数据。

例如,多利益相关方的互联网治理倡议的目的在于确保将通常来自四个不同社区的利益相关方纳入其中,它们包括:政府、私营机构、民间社会团体以及技术社区。接下来,我将以一种不同的方式来分析这些利益。具体来说就是:试图去理解数据利益是如何以文化利益的形式跨越这些不同利益相关团体之间的边界。我这样做就是为了说明权力不仅仅是彼此相关的团体之间共同的利益表达。实际上,权力体现在一个复杂的意义制造系统、"风格""世界观"以及我们将在本章中要探讨的"文化"当中。

下面我们将以 21 世纪 10 年代末期关于人工智能与数据政策的研讨当中的权力机制为例展开探究。该次研讨经常被看作是民间社会团体与行业利益相关方之间明显的利益冲突。来自欧盟人工智能伦理工作高级别专家组的一位专家成员在一家德国报纸的专栏文章中讨论了他们所代表的行业利益。据他所说,"专家组在业界有着举足轻重的影响力",这直接导致了一套"温和、短视且模糊的"伦理指南的制定(Metzinger,2019)。然而,我自己也是专家组成员,并且有多年参与类似多利益相关方倡议的经验,我自己观察到一些不同的权力机制。尽管我也着实从一些讨论与专家组的工作细则当中注意到民间社会团体成员与某些行业从业者的传统利益存在冲突(关于这一点我将在后文阐述),但我还发现了人工智能的"人本主义"方法当中出现了一种文化利益,以此回应我在前面章节中提到的关键社会时刻。这种利益跨越了不同利益相关团体的界限,并被称为"欧洲的第三条道路":将文化利益作为该专家组的伦理指南以及欧盟委员会后续提出的人工智能政策的独特参照点,同时强调将欧洲基本权利法律框架作为其出发点(我将在后文中对此进行更为详细的分析)。这里,我的观点是:如果只看到传统的"利益相关团体"的利益,就很难发现嵌在治理过程当中的文化与利益的细微差别与复杂程度。正如前文所述,即便是在特定利益相关团体内部,不同的技术文化之间仍然存在权力纷争。例如,一家由大数据思维驱动的公司可能会与另一家由隐私设计理念驱动的公司之间产生直接冲突，后者的利益可能与支持数字权利的民间社会团体利益更为一致。这就是为什么我认为我们需要去探究更为普遍的权力协商与定位文化模式，往往正是这些文化模式促成了传统利益组织与其他利益相关团体（如工业界、民间社会、国家）之间的结盟。这也是为什么我认为传统的多利益相关方治理方法可能需要转为向"伦理治理"方法借力——需要把价值的阐释与协商看作是政策制定过程当中利益相关方包容性的一个重要组成部分。

接下来，我们将以"数据伦理"为典型，展开对21世纪10年代在欧洲不同利益相关团体间形成的共享文化利益的探讨。2014年，哲学与媒体研究学者查尔斯·埃斯（Charles Ess）对文化如何在塑造我们对于数字技术的伦理思考过程当中发挥关键作用进行了阐释。他认为，西方社会在伦理上强调"个人是伦理反思与行为的关键能动者，这一观点被西方个人权利观念进一步强化"（Charles Ess：196）。类似的全球视野之下的文化地位在欧洲关于"数据伦理"的政治辩论当中同样有所体现。其中，当今时代的欧洲"内部民主"（Bauman，2000）以及相应的伦理对策被多次提及。例如，在布鲁塞尔的一场关于数据保护法律改革的辩论之中，欧洲议会的一名议员对于这一重大议题描述如下：

> 这一切关乎着人的尊严与隐私，关乎着我们欧洲文化深处对于人格的理解……它源于一般人权宣言。不幸的是，我们也曾历经战争、法西斯主义和极权主义社会等无比惨痛的历史。以史为鉴，方知隐私何其可贵。[①]

作为欧洲基本权利法律框架中的第一则条款，"人格尊严"是一条有着深厚历史与文化根源的伦理准则：一方面植根于极权主义

---

① 见欧洲议会议员辩论：条例有了！现在怎么办？［视频文件］https://www.youtube.com/watch?v=28EtlacwsdE。

政权的惨痛经验，另一方面植根于第二次世界大战时期欧洲对犹太人的残酷迫害。在 21 世纪 10 年代，前文提到的欧洲的"数据伦理协商空间"也属于文化维度上所做出的努力，旨在保护欧洲文化价值（如人的尊严与隐私），并尽快将其导入技术发展之中（Hasselbalch，2020）。正如欧洲数据保护监管局（EDPS）在 2015 年的一份报告中所述："特别是现在，在大规模采用人工智能技术之前，欧盟拥有一个'窗口期'。我们要借此机会将价值构建到数字结构当中，这将重新定义我们的社会"（EDPS，2015：13）。欧洲"数据伦理公共政策倡议"（Hasselbalch，2019）正是对特定"文化价值"协商空间这一议题的关注。这些政策与决策制定者将自己定位为欧洲独特价值的捍卫者，负责对抗一种普遍存在的潜在威胁。人们普遍认为，这种威胁嵌在社会技术设计和商业行为之中，就像"破坏球"一样。正如一位欧洲议会主席曾在 2016 年的一次演讲中所说的那样，"这种威胁不仅仅是对社会组织方式的考验，而且是要破坏现有秩序，取而代之地构建新秩序"。① 其中，嵌入技术设计与商业行为当中的价值成为一种新的权力形式。正如时任欧盟委员会司法总局基本权利和欧盟公民事务部主任保罗·纽伊茨（Paul Newitz）在 2017 年一场公开辩论中声称："这是对拥有权力的管理者的挑战。他们利用权力控制人们，利用权力控制数据。那么，他们的伦理依据是什么？他们灌输给员工的伦理思想是什么？是内部合规伦理？还是工程师伦理？"（Nemitz，2017）

　　我之前提到的欧洲"人工智能的第三条道路"在 21 世纪 10 年代末发展成型，强调跨越欧洲不同利益相关方的共享文化价值。近十年来，人工智能在全球范围内越来越多地被嵌入应急处理、医疗保健、金融、安全、国防、法律、电子政务、交通和能源等私营和公共部门的基础设施当中。在发展人工智能生态系统的全球资本投入方面，

---

① 见技术极权主义、政治与民主（Martin Schultz，2016 - 3 - 03）https://www.youtube.com/watch?v=We5DylG4szM。

美国处于领先地位,中国也正在迅速跟进(Merz,2019；Lapenta,2021)。因此,在 21 世纪 10 年代末,欧盟决策者们逐渐意识到,人工智能已然成为一个重要战略领域,人工智能正在重塑各行业的关键基础设施,成为经济发展的重要动力来源。在《经过设计的文化》(Hasselbalch,2020)一文当中,我描述了"欧盟人工智能议程"的制度框架通过强调"合乎伦理的技术"与"可信人工智能"在全球市场上形成独特文化定位。具体描述如下(此处根据原文改编和修订)：

> 欧盟人工智能议程的"文化定位"是在各种政策文件与声明当中逐渐得以阐明的。这一过程涉及多方协商,包括：欧盟成员国、欧盟人工智能高级别专家组、多利益相关方论坛——欧盟人工智能联盟,还有最重要的是欧盟委员会各理事会。同时,欧盟还增加了针对人工智能开发与研究的年度投资,并与各成员国在人工智能国家战略上达成一致。欧盟人工智能议程被视为确保欧洲在全球范围内竞争力的一项重要举措。在这一时期,它也频频出现在公共媒体、辩论和报道当中,作为针对"全球人工智能竞赛"的回应。这里,我们主要的关注点是区域参与者在全球资源领导权上的竞争。这些资源包括：人工智能(如数据访问)、资本投资、人工智能的技术创新与应用、商业上可行的研究与教育,以及(作为风险缓解与监管形式的)"伦理"(Merz,2019)。除了对资源、技术与风险缓解的争夺,针对基于价值的人工智能文化框架的阐释同样在不同利益相关团体间的共同利益界定当中发挥着关键作用(Hasselbalch,2020)。

2018 年初,欧盟委员会发表了第一篇关于人工智能的通讯,同时还发布了 25 个欧盟成员国签署的人工智能合作宣言(该声明后来在 2018 年关于人工智能的协调计划"人工智能欧洲造"中被进一步细化)。这次针对人工智能的初步探讨重点关注成员国间的合作,多利益相关方倡议、投资、研究与技术研发。最关键的是,在这次探讨之中,人工智能被描述为全球竞争领域之内欧洲经济策略的一部分。基于价值的定位并不是这份通讯的核心战略要素,只是在其中稍有提及:"基于人工智能的价值与优势,欧盟可以在开发使用人工智能方面发挥引领作用,为所有人谋取福利"(European Commission K,2018)。同时,该通讯计划起草一套人工智能伦理指南,这可以看作是解决伦理问题的第一步。

随后,由 52 名选定成员组成的欧盟人工智能高级别专家组(HLEG)成立,成员由独立专家与来自不同利益相关团体的代表组成,其核心任务就是制定人工智能伦理指南,并为欧盟提供政策与投资建议。成立之初,该专家组就矢志立足于欧洲特别框架来开展相关工作。这一点在该专家组布鲁塞尔第一次会议当中一名欧盟委员会代表的评论中可以明显看出,他说:"人工智能不可能强加于我们。"评论结尾他再次表明,"欧洲大陆必须向人工智能做出自己的回应"(HLEG E,2018:4)。

因此,这里"欧洲回应"被定义为寻找一套共享的欧洲价值体系。例如,同样是在第一次会议当中,专家组主席对于专家组任务的核心内容以及欧盟委员会对专家组的期望进行了介绍:"欧洲必须发展人工智能,为我所用,并且践行欧洲价值,同时我们还需要为人工智能的发展创造具有竞争力的投资环境"(HLEG E,2018:2)。这一声明后来被纳入该专家组的讨论议程当中,并被定义为在全球范围内探索一个独特的欧洲定位:"我们的讨论重点在于探索一条具有欧洲特色的人工智能道路,既能融合欧洲价值,又能具有全球普适性"(HLEG E,2018:5)。

"欧洲价值"也是一年后(即 2019 年 4 月)发布的伦理指南的基础。这里,价值的引入参照了欧盟委员会的愿景,以此确保"构建一个合适的伦理法律框架来强化欧洲价值"(HLEG A,2019:4)。同时,它主要参照了基于权利的欧洲法律框架,如《基本权利宪章》和《通用数据保护条例》。此外,欧洲价值还体现在统一的伦理框架当中，即"人本方法"，强调"人格尊严"和个人利益高于其他社会利益：

> 凝聚这些权利的共同基础可以被理解为植根于社会对于人格尊严的尊重，这进一步体现了我们所说的"人本方法"，即人类在日常生活、政治、经济与社会领域享有独特而不可剥夺的首要道德地位。（HLEG A，2019：9）

另外，正如前文所述，欧盟成员国、欧洲以外的国家地区以及国际组织也陆续发布了一系列人工智能伦理指南。最值得注意的是，在2019年欧盟人工智能高级别专家组的伦理指南发布后仅几个月之后，就有42个国家通过了经合组织的一项建议，其中包括"可信人工智能"的伦理指南。与其他那些更多基于原则的伦理指南相比，欧盟人工智能高级别专家组的伦理指南重点关注人工智能设计中实现伦理的可操作性，并为人工智能从业者提供了具体实用的指导。最终，通过对技术设计与人工智能从业者文化的特别界定，欧盟在人工智能的伦理指南方面形成了自己独特的文化定位。因此，人工智能设计的"伦理（指南）"或欧盟人工智能高级别专家组命名的"可信人工智能"成为欧洲人工智能的"第三条道路"。这也意味着，作为为人工智能发展提供政策与投资建议（发布于2019年6月）的专家组，欧盟人工智能高级别专家组赞成将可信人工智能视为欧洲的一个核心战略领域（HLEG B，2019）。

与此同时，欧盟委员会一改早期战略当中对于欧洲人工智能方法的短暂"关注"，转而将其提升到了战略高度。欧盟人工智能高级别专家组的第一任协调员纳塔莉·什穆哈曾在一篇文章之中就该专家组的成果如何迅速被纳入欧盟委员会的总体人工智能战略中进行了说明（Smuha，2019）。事实上，当时有700多个活跃的专家组在从事这一方面的工作，旨在向欧盟委员会提供有关特定主题的咨询意见或报告。然而，他们的意见如同泥牛入海，并无回应，欧盟委员会在考虑这些小组的工作方面具有独立性（Smuha，2019：104）。

相反,当欧盟人工智能高级别专家组于 2019 年 3 月向欧盟委员会提交人工智能的伦理指南之时,委员会几乎马上便同意将其纳入最新一期《在人本人工智能上建立信任》的文件当中,该文件每两年发行一次(European Commission N,2019)。这表明了该委员会对于指南当中七条伦理要求的认可,并鼓励所有利益相关方在研发、部署或使用人工智能系统时予以践行。

在 2019 年底,随着欧盟委员会新主席乌尔苏拉·冯德莱恩(Ursula von der Leyen)的承诺,欧洲人工智能方法的探讨被推向了高潮。他做出如下承诺:"在我上任的前 100 天之内,我将提出有关人工智能对于人类与伦理影响的欧洲协调方法的立法"(von der Leyen,2019)。在 2021 年初,世界第一个针对人工智能的监管提案发布,其中强调了"欧洲价值"、人工智能特有的基本权利与安全风险以及欧盟人工智能高级别专家组的伦理指南当中的关键要求,反映了"一种普适性方法,其中大量的伦理规范准则由欧洲内外的公私组织共同制定这一事实可以证明这一点,而人工智能的研发应用应该遵循某些基本的价值导向原则"(European Commission O,2021:8)。

人工智能数据中的欧洲文化利益

我们可以将技术变革视为权力机制运作的结果,它是不同利益之间的协商,也是权力与人类利益的竞争。休斯(1983,1987)认为,正是主导文化决定着技术动量的发展方向,这就意味着相互竞争的文化及其所代表的利益面临两种抉择:要么并入最为强大的文化,要么消失灭亡(Hughes,1983)。

我们已经了解到,在 21 世纪 10 年代,欧洲人工智能议程通过强调"伦理技术"和"可信人工智能",形成了欧洲在全球范围内一种独特的文化定位。此外,我们还可以将这一人工智能议程看作是一种塑造全球人工智能技术动量的政治利益。这里,让我们将这种文化利益视为构成欧洲"数据文化"的"数据利益"之一,并对此进行深入探讨。在《经过设计的文化》(Hasselbalch，2020)一文当中，我提出了四种文化组件(此处根据原文改编和修订)：

欧洲人工智能议程的第一种文化组件是为 21 世纪 10 年代和 21 世纪 20 年代初期的技术动量构建欧洲文化环境。例如，欧盟人工智能高级别专家组提出的政策与投资建议(HLEG B，2019)描绘了欧洲社会的不同数字化阶段。其中，人工智能形成了"第三次浪潮"：

> 欧洲正在迎来第三次数字化浪潮，然而我们对于人工智能技术的采用仍然处于起步阶段。第一次浪潮主要涉及网络连接与网络技术的采用，而第二次浪潮由大数据时代所驱动。第三次浪潮的特点是人工智能的采用。预计到 2030 年，人工智能将为欧洲经济贡献将近 20％的增长份额。相应地，这将有助于提高生活质量、创造新的就业机会、提供更优质的服务，并有助于发展新型、更加可持续的商业模式和机会。(HLEG B，2019：6 - 7)

欧洲文化背景由多种方式构建而成。首先，通过全面监管数据保护改革，欧盟成为全球范围数字领域内人们常说的"超级监管大国"。因此，《通用数据保护条例》与欧盟《基本权利宪章》当中人工智能创新的法律框架也被认为是基于风险的欧洲独有方法。此外，构成技术动量的欧洲利益相关方也一度成为欧洲关于人工智能的政策协商与辩论的中心议题，具体包括：人工智能从业者、科学家、企业家、数据分析家、教育家、工人、政策制定者与全体公民。最为关键的是，欧洲人工智能数据基础设施也正在日渐成型。众所周知，数据是人工智能技术动量的主要推动力。事实上，我们认为，欧洲数字化的第三次人工智能浪潮也势必将"由大数据时代驱动"(正如欧盟人工智能高级别专家组所述)。早在关于人工智能的第一则通讯当中，特别是在谈及"丰富数据环境"的创建之时，欧盟委员会就已然认识到数据是欧洲发展人工智能的一个关键要素，因为"人工智能需要大量的数据来得以发展"(European Commission K，2018)。因而，欧盟也被看作是"数据经济的核心参与者"（HLEG B，2019：16）。的确，数据"是发展人工智能不可或缺的原材料"（HLEG B，2019：28）。因此，数据也被认为是作为人工智能动量的利益相关方利益的核心点："鉴于人工智能的绝大多数最新进展都源于针对大数据的深度学习，因此确保欧洲的个人、社会、行业、公共部门以及科研院所与学界都能从这一战略资源当中受益至关重要"（同上）。

欧洲人工智能议程的第二种文化组件涉及针对"欧洲人工智能"的基本文化价值与伦理的构建与协商。同样，这主要也是参照了现行欧洲法律框架而得以形成，如《通用数据保护条例》和《基本权利宪章》。然而，随着人工智能等数据密集型技术的诞生，人们也逐渐意识到文化意义协商过程已经开始被用于发现并解决现有法律框架似乎无法解决的利益冲突。因此，欧洲人工智能议程将"人本方法"作为基本的价值导向框架，并对其进行了详细阐述，强调人的利益高于任何其他利益。同时，该议程还探讨了一种特别的数据治理方法，强调在处理个人数据过程当中对个人赋权。例如，欧盟人工智能高级别专家组的伦理指南构建了一个明确的数据管理框架，其中的七项要求之一就是"隐私与数据治理"，特别强调嵌入人工智能技术的数据设计过程当中的人本价值。这里，"人类能动性"这一概念与个人知识和提供给个人用于制定决策并挑战自动化系统的信息密切相关（HLEG B，2019：16）。在该议程当中，"人本方法"首次被作为一个重要框架用于解决嵌入人工智能创新之中的不同利益与价值之间的冲突。例如，用于解决伦理驱动型创新方法与数据驱动型创新方法之间的冲突，或用于解决机器自动化劳动与人类劳动力之间的利益冲突。基于这一理念，他们进一步提出了一系列"人本主义"的解决方案来应对这些冲突，具体包括：发展保护个人数据的机制，并使个人能够控制其数据并通过其数据获得权力（解决公民数据授权与国家/企业数据权力之间的冲突）；将伦理技术作为竞争优势（解决伦理驱动型与数据驱动型创新之间的冲突）；将人机协同/人工控制型人工智能解决方案用于工作场所，提升劳动力的人工智能技能（解决自动化与人工替代之间的冲突）；增加对"企业对企业"（B2B）的人工智能解决方案当中非个人数据使用的关注，减少对"企业对个人"（B2C）的解决方案之中个人数据的关注（解决使用个人数据的风险与人工智能发展中的数据密集性之间的冲突）。

欧洲人工智能议程的第三种文化组件涉及针对欧洲"技术文化"的阐释，特别是对"政治"与"价值"以及现有人工智能技术设计当中权力不对称性的挑战。因此，被称为"伦理技术"的技能、教育、方法与实践是欧洲人工智能议程讨论的核心问题。正是在这一讨论当中，作为全球人工智能动量中欧洲定位的欧洲"伦理设计"开始问世。欧洲对于特定人工智能"伦理""技术文化"的战略投资同样也是欧盟人工智能高级别专家组政策与投资建议的关注焦点。他们认为，欧洲需要培养"理解力"与"创造力"，并通过"提升人类对于人工智能的知识与认识"来广泛"赋予人类权力"（HLEG B，2019：9-10）。

欧洲人工智能议程的第四种文化组件涉及对文化数据空间（一个欧洲人工智能数据基础设施）的描述。在21世纪之初，"数字文化"在跨辖区数字数据流的基础上产生。全球数据基础设施"架构"的出现成就了一种跨辖区空间，同时对欧洲数据保护（隐私价值）和法律框架构成了挑战。例如，在很早以前，欧洲人权法院（ECHR）有时不得不考虑数字技术的进步对其涉及隐私权案件中管辖权的地域定义方面所带来的挑战，以及由此带来的法律不确定性。① 这也意味着，人工智能最初是在辖区内部以及跨辖区的全球大数据基础设施的基础之上顺势而起。监控丑闻、虚假新闻与选民操纵等各种形式的嵌入式数据不对称性披露引发了欧洲对他国"数据文化"与自身数据架构的严密关切。因此，以基于价值的数据方法为参照，欧洲人工智能议程提出了一种替代性欧洲人工智能数据共享基础设施，但它被限

---

① 关键法案参考分析见 https://wordpress.com/2010/05/privacy-and-jurisdiction-in-the-network-society.pdf。

制在欧洲数字辖区与地理区域空间之内。在人工智能的政策与投资建议当中,欧盟人工智能高级别专家组将这一数据基础设施描述为"由人工智能技术支持的社会基本构件"。此外,这些数据基础设施也被描述为欧洲人工智能关键公共基础设施的根基,因此应该"把欧洲数据分享基础设施视为公共事业基础设施"。换言之,这一欧洲数字空间建构同样需要融入一套特别的价值体系,并在设计之时"有意对隐私性、包容性以及可访问性予以适当考虑"(HLEG B,2019:28)。这也正是数据中文化利益的立足点。价值驱动型方法被视为是一种将欧洲价值融入技术研发中的文化努力,用于对抗普遍存在于技术基础设施当中的"非欧洲"威胁:"对非欧洲供应商的数字依赖以及缺乏基于欧洲规范和价值的高性能云基础设施不仅可能会在宏观经济与安全政策方面给欧洲带来风险,同时也会将数据库和 IP 地址置于危险境地,甚至会阻碍欧洲互联网设备(物联网,IoT)的硬件与计算机基础设施的创新以及商业发展"(HLEG B,2019:3)。

文化与技术

托马斯·休斯(Thomas P. Hughes)认为文化环境是社会技术系统进化第四个阶段的重要组件。事实上,技术动量是由社会当中盛行的主导文化创造而来。正是这种常见的力量将人类、社会与技术特征的所有不同因素聚集起来,最后形成了一个技术动量:"归结起来,所有这些构成系统的因素都可以被称为系统文化"(Hughes,1983:15)。同时,休斯认为"技术文化"是技术系统发展的"背景因素",其一方面来自系统内部,体现为工程师与系统构建者的价值和理念,另一方面来自系统外部,表现为区域国家文化(Hughes,1983:363)。

截至目前,我已经按照休斯的方式[在科学技术研究(STS)中也普遍使用]使用"文化"一词,描述了社会技术系统研发的共享概念与物质框架。此外,我还使用"价值"一词来指代研发过程当中所涉及的伦理道德维度(与价值敏感设计中的做法一样)。然而,当我们讨论政策制定者或工程师、数据从业者、系统构建者共享并践行着价值导向的文化框架之时,它究竟所指为何? 拥有一个足以创造技术动量且能在社会当中发展系统并将系统整合的共享文化又意味着什么呢?

技术风格与文化价值

通过采用价值敏感设计这一技术研发方法,我们关于"好"与"理想"的道德评价成为技术设计过程的一部分。事实上,价值就是"人们关于'好'的理想品质或状态的认知"(Brey,2010:46)。然而,价值不仅仅是技术开发者的个人理想,它们也是拥有共享利益和独特共享文化的不同利益相关方的追求目标。实际上,作为伦理评价的基础,文化的确具有共享性。

休斯认为,每个地区都是一个独特的环境,有着不同的技术概念化方式与设计方式。文化在这里体现为各个地区的"技术风格"。特别是随着"国际技术库"的可用性不断增加(包括国际贸易、专利流通、专家迁移、技术转让以及其他形式的知识交流;Hughes,1987:69),技术风格差异在 20 世纪变得愈发显著。如他所言,技术风格是一种"对环境的适应"(Hughes,1987:68)。换言之,它是相关社会经济制度文化的一种技术语言,在这种文化当中,知识实践被系统化且概念化。这样一来,即便是技术设计当中的伦理评价也可以被看作是相关文化与利益的产物。

社会学家爱泼斯坦表明:科学技术背景下的文化概念研究有两种路径:第一,研究科学机构与实验室内部的文化,第二,研究其在适应并整合外部世界中的作用。对于科学机构内部文化的早期研究提出了知识是一种文化产品的概念,因而其研究重心放在科学主体在不同文化环境当中对利益的竞争之上(Epstein,2008:168)。自然而然,科学可信度与权威性也被看作是"文化资源",且被用于强调科学机构之间的观点协商过程(Epstein,2008：168)。基于此,那些塑造技术实践的意义制造系统与网络成为文化研究的关注焦点。此外,在这篇文章当中,爱泼斯坦(2008：169)还基于不同的科学文化探讨了文化的多样性。例如,科学实验室的人种学研究。另一方面,爱泼斯坦认为,针对科学技术的社会学阐释能够用于识别机构与科学实验室外部的文化。这些文化通常是人类为了组织生活而创造的物质文化与政治文化,比如,现代国家治理的技术手段与模式。在外部世界当中,文化结果研究还用于边界创建或针对世界进行分类的实践当中,这些形成了社会分层与权力分配模式(Epstein,2008：172 - 173)。

一般来说,在科学技术研究中,文化始终与我们认识事物的方式以及创造一项技术所用的技能资源密切相关。[①] 因此,在《作为实践和文化的科学》一书中,科技学者安德鲁·皮克林(Andrew Pickering)在脚注中将文化定义为科学工作的一种资源:

> 在这篇文章中,"文化"指的是科学家在其工作当中使用的资源领域,而"实践"指的是他们在该领域参与实施(或不实施)的行为。由此看来,"实践"具有"文化"所缺乏的时间性。因此,二者不应被理解为彼此的同义词。打个比方来说:建造犬舍所需要的锤子、钉子与一些木板等材料与建造犬舍的行为并不相同。尽管建造完成的一瞬间,犬舍也变成了一种用于未来实践(比如,驯犬)的资源。(Pickering,1992：3)

独特的"知识文化"或"技术文化"也可以被看作是规定技术设计规则与社会采用规则的环境。社会学家哈利·科林斯(Harry M. Collins)是英国巴斯大学科学社会学研究的关键人物之一,他将"文化技能"定义为技术设计的意图与目的,同时也是一套隐性社会化行动

---

① 我确实认识到,在科学技术研究当中,文化也是一个颇具争议的概念。例如,科林斯与拉图尔等(Callon & Latour, 1992 和 Collins & Yearley, 1992)之间的辩论就是其中一个典型案例。

规则（Collins，1987：344）。他认为科学技能具有两种类型："可解释类别"和"不可解释类别"。前者包括正式事实与规则、启发式方法（经验法则）与手工感知技能，这些都具有可见性与可解释性；后者是他认为的技术研发当中不具解释性而具有隐藏性的组件（Collins，1987：337）。实际上，对于正式事实与规则、启发式方法和手工技能的使用与理解同样离不开不可解释性文化技能。然而，这些技能只是在社区当中被默默地分享，并且只有同一文化社区之中的个体才能习得。因此，对于缺乏文化技能的外部人员来说，他们缺乏一个最为根本的框架，这就是为什么当不同文化社区相遇之时，必须对文化成分予以解释。科林斯对此作出了如下阐述：

> 当我们同文化上与我们相近的人互动之时，我们很少使用明示性话语来传达意义，因为从一开始我们就对很多东西彼此心知肚明。但是，随着交际者之间文化背景差异的增加，互动中的潜在歧义也会随之增多，此时需要明示以及可以明示的信息也就越来越多。（Collins，1987：344）

因此，科林斯开始着眼于技能如何在不同类别中转变。比如，经验法则什么时候变成事实或正式成文规则。最重要的一点，他认为技能从一个类别转变为另一个类别往往涉及"文化环境"的改变，而这一变化"往往与更大范围的社会政治事件密切相关"（Collins，1987：344）。

实际上，科林斯还使用了人工智能专家系统来说明隐性文化技能如何转变为显性文化技能。对于人工智能专家系统而言，人类专家的所有技能——可解释的正式事实与规则同不可解释的文化技能，都需要被编码进系统中进而"智能化"运行。因此，他认为，相较于那些缺乏组织化专业知识和文化技能的专业人士而言，那些具有系统编码技能的人类专家（如律师和医学专家）可能更容易做到这一点（Collins，1987：344）。

这一关于文化技能与技能转换的理论完美诠释了文化作为关键因素在技术发展变革当中所起的关键作用。具体而言,作为一种不具可见性且常被熟视无睹的资源,技能与概念框架对于技术发展变革至关重要。

人工智能系统的智能化程度(及其在文化场景中的适用性)与它的文化设计密切相关。因此,如果不能将不可见的文化因素融入AISTIs 设计当中,那也就意味着它在社会整合之中失灵。针对这一点,我们可以运用价值敏感设计方法,将文化作为道德评价因素纳入技术的价值设计过程。同样,如果不能将文化敏感道德评价融入AISTIs 设计当中,就可能会导致基础设施与特定文化社会的伦理道德评价之间的冲突。因此,正如我们所见,无论是科学技术方法还是价值敏感设计方法,二者都着重强调了文化与共享文化框架对于社会技术发展的重要作用。然而,严格来说,二者都没能提供文化的概念化描述。

什么是文化? 我们如何识别并区分技术变革当中的文化因素与文化伦理评价因素的特征? 事实上,不同文化系统之间的冲突对抗不仅存在于系统之间,它们更多是在社会技术变革的权力斗争当中互相对立,那么我们如何才能合理地理解不同文化系统在认识世界方面呈现出的不同本质特征? 我们如何合理理解它们之间的妥协? 我的答案是从诸多文化研究当中深入探寻文化与文化价值的概念。我之所以这样做,主要是为了提供一种方法,旨在保证技术动量的文化形态结构能够清晰可见,以便利用数据伦理治理方法对其进行反思。

文化与权力

这里,我们认为文化是一种通过共享概念框架与资源将各个社区连接起来的价值体系。文化也是一个主动性系统,因为它具有特定的优先级排序、目标以及组织世界的方式,而且这些又会被主动地强加到社会实践当中。例如，工程师与物质世界（包括我们的技术系统）的关系。然而，基于前文所述，我们发现，最重要的一点在于文化是由利益建构而成，因此特定社区与社会当中的主流文化只是针对世界的看法之一。据此，我们可以认为，文化就像是鲍克与斯塔尔的分类系统（2000）；或者反过来说，分类系统是一种文化表征系统（下文中我将详细说明这一点）。文化系统看似完整，事实上将世界简化成一系列分类并不能反映全貌。总有一些事物无法归类而被遗漏。换言之，文化作为一个文化系统而言，从来都不具完整性，永远只差一点点。

在 1958 年，英国文化研究传统的主要创始人之一，马克思主义理论家雷蒙德·威廉姆斯（Raymond Williams）对文化给出了一个经典的定义，他将文化定义为一种"形态"、一套"目的"，一套体现在"不同制度、艺术和学习"以及"平凡"中的"意义"（Williams，1958/1993：6）。他认为，文化不只是某个社会阶级创造的那些精致高雅、百里挑一的艺术文学作品；它也是大众的，体现在平凡的日常生活实践当中。它是"一种整体的生活方式"（同上）。文化包括规定的主流意义，但更重要的是它也包括意义之间的协商。威廉姆斯认为，文化的意义一直"在经验、接触与新发现的压力之下不断被辩论修正"（同上），因而它兼具"传统性"与"创新性"。换言之，文化具有两面性："已知的意义与方向，规训着内部成员"与"未知的发现和意义，需要被提供并接受检验"（同上）。从这个角度来看，我们也可以认为文化是"现状"与变化潜势之间的权力协商场所。

威廉姆斯关于文化是"平凡的"与"整体的生活方式"的论断，对于 20 世纪 60 年代和 70 年代从伯明翰学派兴起的英国文化研究传统具有重要意义，该学派的研究关注点主要集中在流行文化与亚文化之上（Agger，1992）。传统精英主义和排他性文化概念被取代，这些学者转而开始研究工人阶级的日常生活文化（Thompson，1963/1979）以及青年亚文化，引入了种族（Gilroy，1987/2012；Hall，1990/

1994)、性别(McRobbie，2000)及其表征与建构等议题。换言之，文化并非具有单一性，而是具有多维性。文化是制度化的结果，但也是平凡的亚文化产物，由人类以正式和非正式的形式创造，并与人类（包括少数群体）和人工制品互动，而且这些文化关系与意义从来都是变动不居。它们从一开始就是意义制造的建构系统，因此总是处于争论以及社会权力协商之中。

是否存在一种"科学"方法用于解读这些文化系统？我们如何才能理解文化的作用，而不仅仅是将其看作是一个无声无息地定义着我们社会技术基础设施的实践和设计的神秘黑箱呢？在符号学中，文化实践、产物与表征被视为文化意义制造系统的组件，它们相互交织并通过系统排序从而获得意义。此外，语言学规则也被用于文化当中，以此形成一门"符号科学"。然而，它不仅仅是在符号意义系统当中的文字排列组合，它还代表了我们是谁以及我们如何在文化构建的系统之中体验世界。所有类型的符号系统都可以被视为语言，并相应地被视为文化表征来予以研究。

譬如，世界最著名的符号学家之一巴兰·巴特(Roland Barthes)在法国资产阶级的神话当中发现了文化意义，这种文化意义体现在从拳击比赛到肥皂广告的方方面面(Barthes，1957/1972)。他认为，神话是一种"意义系统"。在这个系统当中，我们将世界上的事物作为文化话语元素或特定历史时刻的文化秩序来予以理解："神话是历史选择的一种话语形式，因此它绝不可能从事物的'本质'当中演化而来"(Barthes，1982/2000：94)。此外，他认为，任何事物都具有文化意义，包括技术人工制品，其设计本身就彰显了意义制造的文化系统。例如，他提出，20世纪50年代的法国玩具除了充当着需要小女孩照顾的娃娃这一角色外，还可以看作是成人生活的缩影，嵌入了社会鼓励成人履行的角色与功能：警察、学生、军人与医护人员。因此，它们是资产阶级成人文化积极再现其社会分层模式的文化符号(Barthes，1957/1972：53－55)。

沿着这一思路，文化理论学家与政治活动家斯图尔特·霍尔（Stuart Hall）将文化定义为"符号系统""概念地图"与"意义地图"（Hall，1997）。这些构成了将概念进行组织、分类、排列与关联的概念系统（Hall，1997：17）。意义的文化地图确保了我们在以相同的方式解释世界之时，能够相互理解，并在社区中保持行为一致。霍尔（1997）认为，文化是一种社会系统。在这个系统当中，意义被主动地创造共享。它不是以自上而下的方式强加在我们身上。相反，我们每个人都在积极地实践文化、学习文化并且建构文化。这样看来，文化也是一种积极的符号共享行为，用于相互沟通与理解世界；在"表征系统"中相互关联的文化产品之中，总能找到它们的痕迹。而且，这些共享符号是构建意义文化系统的重要组件，因为它们形成了意义的"稳定体"（Hall，1997：21）。同时，基于这些"不成文规定""表征惯例"以及"文化知识"，文化符号同时也决定着我们的文化归属，使我们成为"具有文化能力的主体"（Hall，1997：22）。

在《编码·解码》一文当中，霍尔（1980）将文化意义生产过程描述为一种编码、解码文化信息的互动过程。例如，电视机这一20世纪80年代关键的大众通信技术，就是通过为解码接收者提供"偏好式解读"，将文化上的"主流文化秩序"编码进去的一种手段（Hall，1980：123-124）。在霍尔看来，尽管这个意义制造过程并不"对等"，甚至可能会被歪曲或者引发误解，但是意义制造过程当中嵌入的"偏好式解读"却构成了"感知条件"的核心组件（Hall，1980：119-121）。不论是自反性的有意为之，还是惯例式的无意为之，这些对于文化系统的编码解码实践都是文化的重要组件，再现了主流的文化秩序（Hall，1980：123）。他在文章中这样写道：

> 正是借助这些编码，权力与意识形态才得以在特定话语当中显形。它们将符号指向了文化分类的"意义地图"；这些"社会现实地图"包含了各种社会意义、实践用法、权力与利益。（Hall，1980：123）

同样,正如前文所述,许多从事价值敏感设计与科学技术研究的学者也将技术看作是嵌入了价值与政治的"非中性"文化产品。巴特对玩具的看法以及霍尔对电视机的看法也都说明了这一点。与之类似,兰登·温纳同样认为技术与特定社会的权力机制密切相关。基于这一认识,他提出了以下问题:

> 这些技术是社会对于某些自身难题的必然回应?抑或只是管理机构、统治阶级或其他社会或文化制度为实现自身目的而强加的一种模式?(Winner,1980:131)

在《数据女性主义》一书当中,数据科学家与女权主义者卡瑟琳·伊尼亚齐奥(Catherine D'Ignazio)和劳拉·F.克莱因(Laura F. Klein)举例说明了在女性数据科学家的工作不被重视与尊重的工作环境当中,男性数据科学文化一直以来维护男性主导地位的情况。在她们看来,这些数据科学文化具有压迫性。它不仅关乎性别斗争,甚至在数据设计当中人为设置目标与优先级,用于进行权力分配、压制少数群体的利益。例如,在作为社会福利决策基础的数据当中,少数群体并没有被充分代表;那些关键的科学医学分析往往也只会对某些特权群体投怀送抱;某些数据设计甚至会将这些少数群体置于社会不利地位,比如那些用于特定城市区域警务预测的数据。

此外,在为我们日常生活信息架构进行数据设计开发的数据科学团队当中,伊尼亚齐奥与克莱因还注意到明显的少数群体代表不足现象。例如,AI Now 的一份报告显示:女性在脸书人工智能开发人员中只占 15%,在谷歌公司仅为 10%(数据来自 D'Ignazio and Klein,2020:27)。这些压迫性数据科学文化不仅反映在从事数据科学的少数群体真实经历当中,同时也体现在数据技术与设计之上,而这样的技术和设计已经在我们社会环境当中比比皆是(D'Ignazio and Klein,2020)。因此,伊尼亚齐奥与克莱因将"权力"这一概念作为她们在数据科学实践与数据设计当中所看到的不公正现象的关键词:

我们使用"权力"一词来描述结构性特权与结构性压迫的当前形态：一些群体在其中享受着特权优势，因为各种系统都是由像他们这样的人设计而来，并为他们工作；而其他群体却遭受着系统性不平等待遇，因为这些系统并不是由后者设计，而且设计时也不会考虑到像他们这样的人。(D'Ignazio and Klein, 2020：24)

许多批判性数据研究也都直接关注环境与技术文化当中的权力机制，因为这些权力机制塑造着人工智能与大数据技术研发的实践与设计(O'Neil, 2016；Eubanks, 2018；Noble, 2018；D'Ignazio and Klein, 2020)。然而，对科技实践的技术文化当中权力分配的批评可以追溯到更早之前。自 20 世纪 70 年代末以来，一个包含女权主义技术科学学者〔如朱迪斯·巴特勒(Judith Butler)、唐娜·哈拉威(Donna Harraway)、桑德拉·哈丁(Sandra Harding)〕在内的独特研究领域，从科学技术实践与知识再现和强化文化性别权力机制的角度对此提出了批评(Åsberg and Lykke, 2010)。她们认为，科学技术是统治权与身份斗争的场所，带有压迫性特点的性别分化在此愈演愈烈。科学从性别对立的传统科学知识环境当中产生，为一些群体提供着发展机会的同时，也对一些群体造成压迫。同时，这种科学造成的压迫又在它们所创造的技术当中被进一步强化。结果就是社会中现有权力关系与机制多被强化，多数情况下甚至被无限放大。

现在，我们已经知道：技术是一种文化产品。为了探究技术实践是如何嵌入个人具身体验的通常具有压迫性社会分层意义制造文化系统当中的，我们有必要将社会技术发展的文化组件视为我们伦理审查的具体对象。这也是为什么技术的文化系统与技术实践本身可以看作是相关伦理问题，我们应该尝试通过应用伦理学的方法来解决这些问题。

据此，就适用于 AISTIs 的权力的数据伦理学而言，我们的核心焦点在于将其视为具有社会分层的文化系统组件。其中，社会当中占主导地位的主体利益往往被优先考虑，而那些少数群体的利益却总是被忽视。因此,我们还可以把技术看作是一个高度具化的反叛与自由并存的潜在场所。在 1985 年出版的著作《赛博格宣言》中,唐娜·哈拉威基于科技实践,针对其中的性别建构与定位问题进行了批评。在本书上中,她想象出一个替代性信息架构,将"统治性信息科学"替换为"社会主义和女性主义设计原则",形成了人类与机器的统一(Harraway,1985/2016:28)。

数据文化

接下来,我将从文化与权力的角度进一步阐述数据文化的概念化,即构建数据科学与实践的技术文化。数据文化是工程师、数据科学家、设计者、部署者、立法者与数据系统用户的文化编码地图。正如我在本书中所论述的那样,这些文化并不总是彼此共享,即便是在特定的利益相关团体和社区当中,它们也可能会发生冲突。而且,正如我们在前文中所看到的那样,它们总是与社会权力的协商和斗争紧密交织、相伴相生。

计算机在本质上是一种特殊形式的信息。一台计算机就是一个信息系统,在技术上能够实现不同类型的数据收集、共享与处理,以便达到服务人类的目的。基于计算机信息科学家创建的数学公式,信息在计算机中被处理、管理、建模并分类。此外,计算机科学家(或者是我这里所指的"数据设计师")的应用科学负责创造能够顺利且高效运作的计算机信息基础设施;这些设施用于收集、存储并整理数据;如果建模的是人工智能系统,则需要能够感知数据,并能基于数据训练不断进化,从而做出"智能化"决定。然而,正如前面章节所述,实际应用中的 AISTIs 与 BDSTIs 并非如此。它们具有政治与价值成分,扮演了委托道德主体的角色,同时还具有"非中立性"的社会伦理影响。换言之,它们有着独特的"数据文化"。

首先,我们可以将数据文化定义为数据设计(如编码、标记、管理、收集和筛选数据)时由文化实践以伦理评价与选择的形式构成的一种文化。数据科学家与数据设计师的实践正是在意义制造的文化系统当中得以进行，因此他们也是伦理评价（反思性抑或非反思性）的积极实践者。换言之，数据系统的研发设计实践本身就是一种文化实践（Acker and Clement，2019）。例如，杰弗里·C.鲍克（Geoffrey C. Bowker）就对生物多样性数据库的构成进行了研究，发现了原始数据的非中立性特征。在他看来，进入这些数据库的数据科学家所实践的数据文化也是将"价值分层"纳入数据基础设施的一种实践。换言之，这个用于存储访问数据的数据库从一开始就是一个"政治、伦理以及技术工作并存"的场所（Bowker，2000：647）。因此，不仅数据科学家的实践是一种文化，数据也是一种文化。它不是自然而然地直接给定的东西，也不是本身独立存在的原始数据（Bowker，2014）。一旦离开文化系统、离开数据库与数据实践，数据将毫无意义，一文不值。

　　数据与数据设计的非中立性并不仅限于人工智能或大数据信息系统。杰弗里·C.鲍克与苏珊·利·斯塔尔对此进行了详细阐述。他们认为，纵观人类历史，信息分类与标准对于任何正常运作的基础设施来说都是至关重要。一直以来，它们都积极地组织着人类关系，对参与其中的人类产生着社会伦理影响，从出于监禁目的对结核病患者进行分类到种族隔离期间出于隔离目的而进行种族分类（Bowker and Star，2000），大抵都是如此。因此，在数据收集、整理和处理实践当中，始终有伦理因素在发挥作用：

> 在对这些系统的质疑当中，我们存在一个道德伦理议程。每个标准与类别都在赞赏某种观点的同时消弭了其他观点。这本身并不是一件坏事。事实上，这也不可避免。但这是一种伦理选择，虽然并非一定是坏事，但是存在一定危险。（Bowker and Star，2000：5－6）

　　信息分类与标准是数据文化当中两种不同的文化实践。前者是根据特定准则分割世界的实践，后者则是这种分割实践的制度化表现。

就分类而言，鲍克与斯塔尔将其描述为"一组用于放置事物的箱子（比喻意义上或字面意义上），用于机械性生产或知识生产"（Bowker and Star，2000：10）。分类具有一致性、唯一性以及排他性。这就意味着在对信息进行分类之时，只能遵循一种分类系统。也就是说，分类系统不存在"例外"："系统具有完整性"（同上：11）。当然，实践当中并不存在完美的分类系统，因为在关于一个对象是否属于某个特定类别的问题上，总会存在模糊或者分歧。此外，用于将对象归入特定类别的信息实际上从来都不完整。例如，人的生命似乎并不能轻易纳入某个分类系统当中。就算我们非要将它简化为一套类别，也不能体现出它的全貌。在上一章中，我引用了阿尔帕伊登关于人类年龄的例子。在这个例子当中，专家系统就无法轻易将人的年龄放在某个"箱子"之中。因为我们不止有"年老"或"年轻"这两种类别，而是一个逐渐变老的连续过程（Alpaydin，2016：51）。就AISTIs而言，正如我们在第3章看到的那样，从20世纪70年代的专家系统到21世纪10年代越来越自主的大数据机器学习系统，人工智能进化的核心动力之一就是通过建立能够动态感知环境中细微变化的系统来克服专家系统在表征实际环境方面的局限性。正是计算机算法分类工作的完整性理想在应用于人类生活之时产生了社会伦理影响。计算机算法被设计成一个完整的分类系统，并且在其运作过程当中严格执行这种理念。然而，这个系统从来都不具有完整性。正是基于这一原因，如果它在人类生活中被理想化地使用，那么很有可能造成严重的社会伦理后果［这也是凯西·奥尼尔（2016）的主要关切之一］。

例如，一个对于个人未来潜在犯罪行为进行风险评估的预测性计算机算法（如COMPAS算法）可能基于针对各种类型个人数据的处理来进行风险评估。其中可能包括个人定位数据，而这些位置信息可能会关联到城市不同地区的犯罪率数据。如果一个人生活在高犯罪率地区,计算机算法就极有可能将其归为高风险人群。因为计算机算法的分类原则在理论上始终都以完整性为前提。因此,在把一个人放入"高风险"类别之时,个人其他数据当中的任何细微差别都不会被予以考虑。假如该算法被作为一个"完整的系统"部署在司法系统当中,可能就会对生活在高犯罪率地区的个人产生严重的社会影响。

作为信息科学家工作的重要实践,分类被隐秘地嵌入他们工作环境的基础设施之内,并在小规模社区之中共享。然而,它们也很有可能被标准化且制度化,并在更多的社区当中共享。鲍克与斯塔尔将标准描述为:"任意一套用于生产(文本的/物质的)对象的商定规则"(Bowker and Star,2000:13)。标准的建立是为了使事物能顺利地在一起运行,它们由法律制度、国家或专业组织等强制执行。尽管没有"自然法则"规定着其存在(它们的出现是各利益相关方之间社会协商的结果),然而这些标准具有高制度化特点,因此很难改变(Bowker and Star,2000:14)。例如,标准是一个运作良好的基础设施的关键组件,反之亦然(Dunn,2009)。实际上,不仅是技术组件需要以标准化的方式运行从而与使用统一标准的其他组件一起高效运行,人们的工作实践同样也需要遵循意义制造的共享文化系统,这样才能良好地运作。正如鲍克所言:"基础设施的运作对于人与机器都提出了标准化要求"(Bowker,2005:112)。

在 AISTIs 方面,塑造 AISTIs 数据设计师工作的制度化技术标准就是应用标准的一个典型例子——国际标准化组织(ISO)系统要求标准。ISO 是一个国际标准制定机构,其代表来自各个国家的标准组织。它为产品与系统研发制定技术安全和质量标准,并对其进行认证,以此确保它们符合标准要求。ISO 标准在国际上得到认可、共享与推广。通过这种方式,它们确保产品或系统设计的一致性,同时确保其满足安全要求,并与符合同一标准的其他产品与系统兼容。[①]

---

① 具体描述见国际标准化组织网站:https://www.iso.org。

现行的 IT 技术标准清单涉及从 IT 安全到信息编码等众多标准,条款详实,内容丰富。① 尽管 ISO 标准认证并不是一个法律要求,但其对于系统或产品的认证的确有助于确保其对法律的遵守。

在欧洲,《通用数据保护条例》提出了一个法律框架,该框架已被纳入处理个人身份信息的 IT 设计标准当中。例如,2019 年发布的 ISO/IEC 27701 就是参照《通用数据保护条例》中"为创建、实施、维护和持续改进隐私相关型信息安全管理系统"而制定的专项要求。尽管《通用数据保护条例》的核心目的——"个人数据的处理应该为人类服务"(《通用数据保护条例》,[EU] 2016/679,p.2),与它所取代的 1995 年发布的数据保护指令没有太大差别,然而,实际上,《通用数据保护条例》更加强调实际技术设计过程与实践的质量,以便确保个人的数据保护与权利。

例如,与"默认数据保护设计"相关的新规定(《通用数据保护条例》,[EU] 2016/679,第 25 款)要求设计师从一开始就要考虑隐私与数据保护,并专门将其设计到 IT 系统之中,而不是充当马后炮。这就意味着我们之前所说的"大数据思维"(Mayer-Schönberger and Cukier,2013)受到了挑战,因为数据设计师的一项关键任务是将数据最小化作为数据技术设计的一个核心质量要求。其他技术设计要求包括:匿名化处理个人数据、在个人数据功能处理方面创建具有更高内置透明度的 IT 设计、授权个人监控数据处理过程。

标准是集中控制与维护的对象。然而,在实践过程当中,它们并非总是被严格遵照执行:常被实践者理解、解读与改造;也在制度、社会与文化当中予以协商;甚至接受偏差(Bowker and Star,2000:13 - 15)。例如,《通用数据保护条例》并没有提供明确的技术规范。它不是一个技术标准,而只是为技术和组织措施提供了一个法律合规框架,并具有双重目的——保护个人的基本权利与自由,同时确保个人数据

① 具体描述见国际标准化组织网站"第 35 条 信息技术": https://www.iso.org/ics/35/x/。

在欧盟内部自由流动（《通用数据保护条例》，［EU］2016/679）。然而，在实际技术实施过程当中，数据设计师可能会偏向于其中的某个法律目标。可以想象，对于有着"大数据思维"的数据设计师而言，他们努力履行有关数据保护的法律规定只是因为这是法律要求，而并非将其视为技术设计本身的质量标准。相反，对于另一种数据设计师而言，数据最小化与个人隐私可能就是他们本身的质量设计目标。

在21世纪10年代，越来越多的设计与商业活动在IT开发之时，将隐私与数据保护作为其工作的质量标准。在《数据伦理——新的竞争优势》一书当中，佩妮莱·特兰贝里与我研究了一系列数据设计师与公司的案例，他们就个人数据处理的质量准则提出了自己的解释——将独立条款、关于隐私的宣言与公开声明以及数据最小化作为他们工作的质量标准（Hasselbalch and Tranberg，2016：91）。例如，数据设计师阿拉尔·巴尔坎（Aral Balkan）告诉我们："在个人设备上构建用户拥有个人数据所有权与控制权的系统具有可行性，以取代在公司拥有所有权与控制权的云上构建的系统"（Hasselbalch and Tranberg，2016：92）。

另一个例子来自德国玩具公司Vai Kai（其主要产品是一套联网的木制玩偶）的首席执行官马塔斯·彼得里卡什（Matas Petrikas），他认为顾客隐私是一切设计与创新决策的基础。因此，Vai Kai的联网玩偶并没有像当时市场之上大多数其他此类玩偶一样安装摄像机或麦克风。他告诉我们，隐私设计是他们IT产品的一个质量标准：

> 我们始终将隐私视为一种价值。这是我们公司的重要关注点。我想其他公司绝不会像我们一样在开发阶段就有意识地决定不安装麦克风。（Hasselbalch and Tranberg，2016：98）

我们可以把这些关于数据创新的新兴实践与观点看作是一种文化范式转向：作为信息与计算机科学的知识与实践基础的一种文化

"常态"转变为另一种"常态"。这里,我们将聚焦于这一关键时刻:计算机信息系统的传统设计被重新审视,过去的理念面临挑战并被新鲜事物取代。尽管正式技术标准很难改变,但其并非由自然法则所规定。它们代表的是基于主流文化价值的质量标准。因此,虽然一种数据文化的文化伦理评价是正式标准,但它也并非总是一成不变。当一种数据文化遇到另一种有着不同价值与质量标准(例如,在处理数据利益方面)的数据文化之时,所选择的伦理评价准则才是最重要的标准。实际上,标准总是在关键性社会协商语境当中不断变化更新,而数据设计实践标准的这些变化代表并要求范式转向与新常态的出现。在这一过程当中,就需要设定新的优先事项、创造新的实践准则,自然就会出现新的"科学想象"和"世界观"〔术语来自库恩(Kuhn),1970〕。

这就是为什么我们也可以将欧洲数据保护法律框架的监管改革看作是计算机信息科学家或数据设计师所处的文化环境范式转向,特兰贝里与我(2016)所描述的发生在设计师和公司之间的"数据伦理运动"也代表了这一转向。ISO关于IT实践标准同样也在日益更新,以便及时反映数据设计师工作的新常态。例如,ISO/IEC JTC 1/SC 42人工智能分委会已经制定并颁布了一系列人工智能开发的新标准。当我在2020年初研究这些标准之时发现,其中一些标准对于人工智能大数据设计予以了充分关注,同时还有许多特别强调了人工智能的社会影响。比如,关于"人工智能系统与人工智能辅助决策偏见"的ISO/ IEC AWI TR 24027标准、关于"人工智能信度概述"的ISO/IEC PRF TR 24028标准、关于"伦理和社会问题概述"的SO/IEC AWI TR 24368标准。另一个标准设定组织是制定自主系统P7000系列标准的电气电子工程师学会全球伦理准则设计组织,这一组织已经创建了许多标准用于反映AISTIs数据设计师所构建的更具伦理反思性新型文化环境,具体包括:关于"人工智能数据隐私过程"的P7002标准、关于"个人数据的人工智能主体"的P7006标准、关于"机器可读型个人隐私术语"的 P7012 标准等，不一而足。

总之，21 世纪 10 年代 BDSTIs 与 AISTIs 研发所带来的数据文化变革体现了数据、信息知识以及科学实践的范式转向，即"常规"实践与"常规"标准以及要求的变化。这就是它的运作机制。一个社会技术基础设施方向的真正改变意味着信息处理过程的文化方式发生根本性改变，具体涉及如何收集、处理、存储、分析与使用信息；同样也意味着塑造信息处理过程的科学想象的改变。实际上，数据文化的每一步变化都是基于对系统数据设计在应用于人类生活时的不完整性认识。

关键文化时刻

数据文化可能具有稳定性与制度化特征，但如我们所见，它们也具有商讨性与挑战性。在前文当中，我们已经描述了发生在宏观时间尺度（大型社会技术系统整合之前的危机时刻）的协商空间。实际上，关键伦理评价时刻同样产生在数据设计实践当中以及数据设计者在微观设计语境之下的设计选择协商与决策之中，比如我在前文当中提到过的人工智能设计所牵扯的"数据利益"协商过程。例如，信息学者凯蒂·希尔顿（Katie Shilton）研究了互联网架构工程团队（指定的数据网络项目）——的价值表达，并根据他们之间的不同利益创建了数据设计师价值类型的分类法："① 那些应对技术压力与机会的人；② 那些关注个人自由的人；③ 那些被信息共享空间中集体利益影响的人"（Shilton，2015：8）。

这里所说的"关键文化时刻"指的是替代性意义制造文化系统被创建并用于对抗已有文化常态的时刻，其对于应用型数据的权力伦理学方法至关重要。首先，这是数据文化当中文化意义稳定性被破坏的时刻。因此，我们希望能保留这些时刻，从而实现人类在社会技术变化当中的批判性参与。然而，我们也需要明白，这些时刻的特别之处在于它们稍纵即逝，不会长久存在。它们往往会销声匿迹于数据设计、法律和标准等主导数据文化之中。例如,一个数据设计不仅仅是"编码的"数据,也是符号中的数据文化,一种特殊的数据文化。换言之,数据设计具有文化属性,可以被视为文化编码的意义系统。事实上,系统的数据设计是行动中的文化,它决定了系统文化的价值。换言之,主导文化可以通过转换为看似具有中立性的"专业型符号"的方式轻易地再现(Hall,1980:126)。正如科林斯(1987)在他对文化技能与人工智能的描述当中所说的那样:在专家系统之中,文化被编码为明确的文字形式;尤其是在先进的自主学习系统之中,文化以自动化机器预测与决策的形式被编码。然而,像这样的人工智能系统对于权力的数据伦理学而言是一种特殊的挑战,因为它们永远都不具备人类的"理解(能力)"(Searle,1980,1997);换言之,这些系统没有能力再现人类意义生产的关键文化时刻。此外,世界的文化分类是在系统当中被主动编码生产的,这就意味着编码型"优选意义"与解码型意义协商之间意义生产的文化时刻都被纳入了系统之中。同样,这也意味着当关键文化时刻与替代数据文化(只有在意义由人在特定时空背景之下做出定性解读之时,替代性数据文化才会出现)发生冲突之时,这一时刻将不会出现。

这是一个棘手的问题,因为我提出的意义制造的关键文化时刻是在社会技术发展当中最具人性化的组件。从某种意义上说,它们体现了人类特征,因为当人类的"记忆"与"直觉"(我将在最后一章介绍这些概念)被激发之时,它们就会出现。因此,它们必须被保留在塑造 AISTIs 与 BDSTIs 研发的数据文化之中。要做到这一点,我们需要以非常实际的方式优先考虑大数据与人工智能基础设施之中的人类利益,让人类主体有意义地参与其数据设计、使用、治理与实施。

第 5 章

什么是数据伦理？

人类在自身进步的重压之下苦苦挣扎，但他们却忘了未来掌握在自己手里。

——亨利·伯格森（Henri Bergson，1932）

在 2018 年,欧洲实施数据保护法律改革之时,大数据时代的风险与影响已经是公共媒体新闻当中家喻户晓的话题。剑桥分析丑闻就是这样一则具有争议性的新闻事件,在欧洲传媒界以及政策圈等诸多领域引起了轩然大波。该新闻披露了一家英国咨询公司利用社交媒体与大数据分析手段,基于全球 8 700 万人(其中包括 270 万欧洲人)数据进行机器学习分析这一事件影响了美英民主进程(Stupp,2018/4/6)。在 21 世纪 10 年代末期,数据泄露与黑客攻击、算法歧视以及基于数据的选民操纵等诸多问题纷纷暴露出来,引发了公众对于日常网络生活、政治文化方面的数据伦理影响的广泛关注。

同样,在公共政策制定过程当中,关于数据伦理的讨论也在与日俱增。正如我在本书当中所说的那样,大量与"数据伦理""可信人工智能"以及"伦理技术"等话题相关的公共政策倡议在欧盟成员国与欧洲政府间陆续制定出台。数据伦理影响甚至被直接等同于社会技术中大数据系统的新型权力结构。

正因如此,欧洲政策与决策制定者越来越多地表达着对于广泛嵌入 BDSTIs 与 AISTIs 中隐蔽权力形式的反对态度。这些社会技术基础设施由"GAFA"主导。GAFA 是美国四大大数据技术公司(谷歌、苹果、脸书与亚马逊)的首字母缩写。因此,在 2019 年底以及 2020 年初,以欧洲法律与文化价值形式实施的欧洲"可信人工智能"与"伦理技术"政策议程迈出了第一步:发布了一项旨在夺回欧洲数据空间的控制权并且恢复数据主权的战略,他们甚至可能颁布禁令禁止具有面部识别功能的人工智能(Delcker and Smith-Meyer,2020 - 1 - 16)。

然后,突然有一天,我们进入了封控状态。疫情席卷全球,欧盟与欧洲各国政府以及整个世界开始争相利用各种治理手段与模式竭尽所能地控制、缓解并预测这场危机的演变走向。这些手段具体包括:迅速引进并采用一系列基于数据的数字技术与(或)基于人工智能的解决方案。可以说,欧洲总体上经历了一个全方位数字化与人工智能水平的提升。智慧工作与教育平台、远程医疗、接触-追踪应用程序、基于大数据的支持诊断与流行病学研究的算法、个性化医疗与护理机器人等如雨后春笋般纷纷涌现(Craglia et al.,2020)。

当欧洲各国都在开发接触-追踪应用程序之时,关于隐私数据集中抑或分散管理选择的辩论愈演愈烈。然而,这些讨论似乎仅限于隐私层面。实际上,谷歌公司与苹果公司的 BDSTIs 力量在其阻止欧盟成员国开发多个接触-追踪应用程序时得到了进一步巩固(Hasselbalch and Tranberg,2020)。与此同时,欧洲迎来了相关技术的井喷式增长。这些技术在处理个人数据的同时,将安全与公共卫生置于首位。相关技术包括无人机监控、位置跟踪、生物识别手环、面部识别与人群行为分析(Craglia et al.,2020)。我们甚至可以说,面对新冠疫情危机,过去十多年在欧洲已经日臻成熟的关于大数据时代的讨论之中,只有一些与权力分配相关的"数据伦理"议题得到了持续关注,而其他议题则被暂时搁置(Martens,2020;Vesnic-Alujevic and Pignatelli,2020)。

在 2020 年,当新冠疫情席卷欧洲之时,数据伦理的权力发生了哪些变化? 一些核心议题怎么会被无情抛弃,而只留下这些呢? 作为本书的最后一个部分,我们对人类权力与数据伦理进行了研究,并提出了一个权力的数据伦理生成框架。这里,我提出的主张是:不能对权力的数据伦理学置若罔闻,更不可以贪图功利之用。相反,我们可以制定数据伦理指南、原则与策略,甚至可以对人工智能能动者进行编程使其依据道德规则行事。然而,为了在真正意义上确保权力以人为本地得以分配,数据伦理必须超越道德义务范畴,跳出编程规则集合的藩篱,它就必须具备人本属性。换言之,数据伦理必须采取文化形式,成为一种文化过程,最终成为一种具身体验活动。借此,权力的数据伦理学首先要解决的就是文化条件与权力结构，而不仅是技术设计的价值属性。

首先，我必须概述一下权力的数据伦理学的几个基本前提。其中一些源自本书前两部分的结论——这两部分分别探讨了 BDSTIs 与 AISTIs 的权力问题。我认为它们本质上代表了特定类型的伦理问题，并相应地提出了数据伦理学作为应对这些特定挑战的举措。在我看来，人类能动性与经验存在于 BDSTIs 与 AISTIs 的当代权力结构当中。同时，我还探讨了文化权力的复合体如何在 BDSTIs 之中得以固定下来，并在 AISTIs 当中接受实践的检验。如此一来，道德能动性日益成为 AISTIs 能动性的一个属性，并且位于人类能动性之外。然而，这并不意味着人类的缺位。实际上，我们设计着技术，使用着技术并且阐释着技术，同时按照我们自己的构想与利益塑造着技术，只是我们伦理评价的能动性与能动性本身越来越外显化而已。

这种外在表现是权力的数据伦理学的一个重要焦点，因为只有人类才拥有权力的数据伦理学所需求的那种批判伦理能动性。权力的数据伦理学是对"封闭性"排他社会的反抗，它希望构建一个包容性"开放社会"，其基础是没有特定利益取向的无疆大爱（Bergson，1932/1977；Lefebvre，2013）与文化多元性，同时将文化作为一种整体生活方式看待（Williams，1958/1993）。因此，我前面提到的"关键文化时刻"与"协商空间"在挑战数据系统中固有主导文化之时就显得至关重要。

权力的数据伦理学将 BDSTIs 与 AISTIs 中人类能动性与经验的权力结构视为核心研究问题。然而，对于这些的描述并没能回答本书这部分的关键问题：什么是数据伦理学？为了回答这一问题，我提出了两个典型细化的问题：权力的数据伦理学为什么重要？权力的数据伦理学如何塑造"美好社会"？对于这两个问题的回答将会构成权力的数据伦理学的生成框架，具体如图 5-1 所示。我将在图中简要概述这些问题的答案，然后在本章的其余部分进行详细阐述。

图 5 - 1　权力的数据伦理学生成框架

我们为什么需要数据伦理学？

　　首先，我想了解为什么我们需要一种权力的数据伦理学。哪个本体使得权力的数据伦理学成为一种必然？我们在这个世界上存在的前提是什么，相应地，从伦理学的角度来看，什么构成了"美好社会"与"存在"？这些问题将我们引向了权力的数据伦理学的第一个生成要素——本体。我将参照哲学家亨利·伯格森提出并被哲学家吉尔·德勒兹（Gilles Deleuze）进一步发展的"过程本体"这一概念来予以描述。

　　本体：数据伦理学是一种人存于世的方式。它是一种过程与运动的本体。在这里，生命只有在代表意义制造系统中时才具有稳定性（Bergson，1903/1999）。能动者在世界上以不同的能力行事。人类是一种能动者，而技术（如人工智能）则是另一种。两者都具有能动性，但又不完全一样，它们之间有着本质的区别（Searle，1980，1997；Smith，2019；Amoore，2020；Pasquale，2020）。因此，在社会技术环境之中，同样存在两种不同的伦理潜质：人工智能能动者的确可以说是具有理性智力。它能以道德能动性行事（如第4章所示），但不具备人类的"动态思考"能力（Bergson，1907/2001：318）；它没有"语义"（Searle，1980，1997）、"质疑"（Amoore，2020）以及"判断"（Smith，2019），甚至也没有"专业知识"（Pasquale，2020），因此它本身永远不可能成为一个伦理能动者。即便是作为人类伦理能动性的道德能动者行事，人工智能能动者也离不开人类赋权，这一过程是通过确保设计与采用过程之中的"关键文化时刻"来得以实现。这种人类赋权在本质上就是我所认为的权力的数据伦理学的人本方法。

权力的数据伦理学如何塑造一个"美好社会"（开放社会）？

我们需要对当下这个时代的伦理问题有所了解。在BDSTIs与AISTIs之中，权力、文化与道德能动性得以实践与固化；同时，我们存在的本质在连续的过程当中（以及相应的开放社会之内）不断进化与重塑，被固化下来。大数据社会的核心伦理问题是第二个生成要素的先决条件——行动导向法，这将为实现一个开放社会所必需的批判性人类伦理能动性创造条件。

实践：数据伦理学是批判性应用伦理学的一种形式，主要探究大数据社会的社会技术系统之中的权力条件，以便积极地创造并确保（"数据伦理学治理"）"协商空间"与"关键文化时刻"的可能性。协商空间是在社会当中开辟出来的具有物质存在的空间，在这些空间当中，价值与利益被暴露出来供于协商。该空间的核心目标就是批判与协商。当"系统"[物质的或非物质的、技术的或文化的]之间发生冲突或争议之时,协商空间就成为可能。例如,在政策层面,协商空间是为了协商价值与构建共享伦理框架而制定的包容性倡议。然而,它们只有在特定条件之下关键价值谈判成为可能时才有可行性(Hughes,1983,1987;Moor,1985)。关键文化时刻具有特定的人类特征。只有当人类记忆与直觉得到充分重视并且获得一定的时空范畴进行调整之时才可能发生。比如,在人工智能设计与采用方面,关键文化时刻是由人类干预水平与类型以及在技术设计与人工智能系统采用过程当中对于人类环境的优先考虑共同构成的。

1) 我们为什么需要数据伦理学?

在回答这个问题之时,我实际上也是在对于社会技术数据基础设施当中人类与非人类能动者的伦理能力以及它们各自地位与关系进行阐述。我们怎么看待人类及其环境、技术与工艺? 技术与人类、人类能动性与权力的数据伦理学中技术的能动性之间的关系是怎样的呢? 这些问题的答案在我所说的"人本方法"当中都可以找到,它建立在亨利·伯格森关于人类与自我能力以及在世界当中位置的一些基础思想之上。因此,我想在本章的第一部分详细介绍其对社会、道德与人类的一些关键批判与看法。基于伯格森的这些主要观点,可以得出这样的想法:尽管"人本方法"确实承认人类是物理世界中的一个自然存在,但它并不认可人类与非人类能动者具有相同伦理能力以及随之而来的相同伦理责任。我们可以在信息科学与伦理学的背景之下思考这个问题,将人类描述为与其他在信息环境中行事的非人类信息能动者(作为物质信息世界的信息处理组件)等同的信息"生物体"与"对象"(Wiener,2013/1948;Floridi,1999,2013;Bynum,2010)。虽然这种描述确实为人类及其环境提供了一个更为全面、去人类中心化的视角,但它同时也挑战了人类的伦

169

理能动性。另一方面，如果我们采用伯格森的观点，人类的生存与存在将不能被简化为一个被表征的稳定现实，它是超越信息接收、处理与反馈的东西。从这个角度来看，数据伦理学中的人本方法也可以被认为是比单独的数据行动更重要的东西。它是一种生活方式，是对开放社会的惊鸿一瞥，并且只有人类才能掌握，因此也是一种责任。

人本方法

在关于科学、社会与我们的技术制品世界的理论当中，对于人类（人本主义）的强调并不鲜见。同样，这在最近针对大数据社会的具体伦理影响的分析当中也很寻常。具体来说，"人类中心"或"人本主义"方法在 21 世纪之初关于信息社会的政策话语以及 20 世纪 10 年代关于人工智能与数据的政策话语当中获得复兴。于 1999 年实行的欧洲委员会人权与生物医学公约（奥维耶多公约）所制定的方法同样是基于"人类优先"原则。合约规定："人类的利益与福祉应优先于社会或科学的单向利益"（欧洲委员会，1997，第 2 款）。

因此，在 2021 年本书定稿之时，"人本主义"方法不仅在理论上，而且在公共话语中也是一个常见的术语。然而，在政策话语当中，除了强调社会人与自然人的特殊作用与地位之外，上述方法并没有形成统一的概念。作为一个独立的概念，"人本主义"方法具有多种含义，而且实际上在政策话语之中它也确实被这样使用。[①] 其中一些含义甚至可以说在伦理上存有瑕疵，哲学家马克·考科尔伯格（Mark Coeckelbergh）同样也指出："从关于环境与其他生物的哲学讨论来看，'人本方法'即使不是有问题，至少也是模棱两可"（Coeckelbergh，2020：184）。

因此，在这里我想从人性视角出发，提供一个我对人本方法的解

---

① 例如，这些是欧盟、澳大利亚、日本、新加坡以及经合组织的人工智能框架中关于"人本"原则的摘录：https global-ai-principles-framework-comparison/。

释。不过，这种方法不是只优先考虑人类自身的福祉，而是强调人类作为一种伦理存在的作用，不仅对人类本身负有伦理责任，而且对广义生命与一切存在都负有相应的伦理责任（我将参照亨利·伯格森的"人本道德"这一概念在后文对于这一论断进行阐释，1932/1977）。同样，我们也可以认为这是一种特殊的人本方法概念基础，尤其为欧洲人工智能议程以及政府、公民社会与技术界在回应人工智能创新与采用的伦理基础时所倡导。下面，让我们一起针对这一点进行深入探讨。

在欧洲人工智能议程当中，人本方法首先建立在欧洲基本权利框架的基础之上，并参照人工控制与人机协同方法来发展人工智能，以此支持并加强人类能动性与决策制定能力。例如，欧盟委员会于2020年启动的人本人工智能倡议在国际层面得以推广，旨在吸引全球国家参与其中。该计划将人本特色的人工智能描述为一种确保人工智能为人类服务并能保护人类基本权利的方法。此外，人本方法还在技术与工程标准当中得到了具体阐述，这些标准旨在将人类能动性纳入数据技术的设计中来，如 IEEE P7000s 标准项目当中的部分标准以及我在前面章节提到的 MyData 运动。这样一来，我们可以将人工智能数据之中的人类利益与人类主体对人工智能的数据设计、使用与实施的干预联系起来。例如，在欧盟人工智能高级专家组的伦理指南之中，人本方法表现在专家组对于人类自身利益以及人工智能开发的设计与条件当中"人工控制"与"人类能动性与监督"的特别关注。同样，我们也可以在更为宏观的社会行动倡议之中找到人本方法的影子：例如帕斯奎尔（2015）提出的"显式社会"就是对"黑箱社会"的批驳。在"显式社会"当中，对于所有参与其中的个体而言，决策过程在技术、组织与社会层面上始终明白易懂。其中，人本方法被他称为"人性化过程"（Pasquale，2015：198）。例如，具体的法律框架需要通过成立公司与决策实践将"人类判断"嵌入决策过程（Pasquale，2015：197）当中。此外，"再人性化过程"也是一种反对运

171

动。它由丹麦隐私活动家埃玛·霍尔滕发起,旨在反对未经她本人同意将其裸照在网上非人性化地大肆传播的行为。如前所述,她通过在网上分享一组全新的照片,遏制了他者对她身体的压迫性物化,将自身变成了一个女性主体(Holten,2014-9-1)。

这些关于大数据社会人本方法的诸多提议主要集中在人类对于法律、社会、个人与技术过程的干预与能动性的价值和提升上。然而,对于这一点我们还可以进行全新的思考。在本书的第一部分(第1章与第2章),我将权力的数据伦理学定位在信息社会最新的数据(再)演变背景之下,即大数据社会的演变。大数据社会的一个普遍特征是为了量化世界(Mayer-Schönberger and Cukier,2013：79),所有事物都被转变为数据格式(数据化)。而且我认为,大数据社会的社会技术基础设施BDSTIs与AISTIs并非任意演化的结果,而是可以被视为不同文化与利益之间的社会协商表达,其核心就是人的地位与能力以及数据技术在社会当中作用的世界观与本体论。从后现代主义的视角来看,我们甚至可以将大数据社会的社会技术基础设施看作是现代性科学实践的主流意识形态具化形式,其能够掌控自然与生物(Harvey,1990;Jameson,1991;Bauman,1995;Edwards,2002;Bauman and Lyon,2013)。因此,大数据社会的关键基础设施可以被看作是保罗·爱德华兹所说的具有控制力与秩序性"人类现实"(Edwards,2002：191)当中的现代性："生活在现代社会多重交错的基础设施之中,就是要了解自己在巨大系统当中的位置,这些系统既使我们能够生存,又使我们受到限制"(Edwards,2002：191)。

人本方法本身就可以被看作是一个伦理问题。吉勒斯·德勒兹(Gilles Deleuze)曾对过度编码的"控制社会"(Deleuze,1992)给出了经典论述——该社会将人("个体")简化为一个标记自身权利与地位的编码(Deleuze,1992：5)。换言之,人本方法也表达了后现代主义运动对当代技术基础设施当中控制实践的限制所引发的人类价值降低的担忧(Frohmann,2007:63)。正如我们在前文所见,这也是监视研究领域(Lyon,1994,2001,2010,2014,2018)以及《反超人类宣言》(Spiekerman et al.,2017)提出的核心批判观点。它们直接反对将人类仅视为与其他信息对象(非人类主体)毫无差别的信息对象。同样,这也是施皮克曼(Spiekerman)等人与其他学者共同描述的"通过计算来控制的愿望表达"(Spiekerman et al.,2017:2)。通过这种方式,我们也可以把权力的数据伦理学的人本方法视为针对技术进步力量以及我们建立与想象出来的社会技术系统的批判性反思。

　　然而,要做到这一点,我们首先需要解决权力的数据伦理学所假定的世界存在类型。这里,我将亨利·伯格森提出的"过程本体"(Bergson,1907/2001)与"人本道德"(1932/1977)视为权力的数据伦理学的第一个生成要素。我们可以利用伯格森对人本道德的描述来认识动态的生命过程,以此反抗被固化在具有社会意义制造与表征的数据系统当中的人类生命。此外,伯格森对于功利主义生活方式提出了重要的批判。因此,我认为他的批判也可以用来说明 AISTIs 智商的局限性,作为一种智能体,它似乎只能复现句法规则,但永远无法进行语义思考(Searle,1980,1997)。从这个角度来看,权力的数据伦理学的人本方法首先承认的是人类的特殊伦理潜质与责任,这与 AISTIs 自主道德能动者当中复现的智商潜质截然不同。总而言之,我想为理解当下社会技术环境的人类与非人类技术能动者(如人工智能)的伦理能力提供一个基本的框架,并为数据伦理行动提出一个目标——为人类提供创造开放社会的条件。这里,伯格森提出的"无私之爱"这一概念将是我们探索的基础。他认识到这个词共享于多种文化当中,表示对所有人非排他性的无疆大爱。

亨利·伯格森的人本方法

　　亨利·伯格森所说的过程本体在本质上反对将现实作为现实本身的理性主义表述。它们是为实现我们自身目的而利用现实的表征形式，这本身就是一个伦理问题。伯格森在20世纪早期一战与二战的背景之下，提出了他对仅在功利主义社会方法指导之下产生的智能体的局限性的担忧。了解这一点很重要，因为他还谈到了一种特殊性生活方式对于现实生活当中人类的严重影响，并且从中得到了启示。战争时期，科学与技术创新是由战争条件以及敌人与盟国的利益投资所塑造的，他从中注意到了科学进步对人类的一些破坏性影响。在他于1932年出版的最后一本书《道德与宗教的两个起源》当中，伯格森认为，只有在危机时期（如战争年代）道德才可能被搁置起来。因为在这种情况下，道德作为一种社会道德义务得以实行，而不是作为一种人本道德被具身体验（Bergson，1932/1977）。下面我将对这一点展开详细阐述。

最关键的一点在于，伯格森是通过参照人类对于时间的概念化而展开评论的。在他看来，时间是由人类创造的，否则它根本就"不存在"（Bergson，1907/2001）。人类创造了时钟机械结构来测量、分割与组织时间，以便社会正常运作（Bergson，1889/2004）。然而，时钟时间并不是真实时间，它只是我们在生活当中能感知到的时间变化表征。换言之，我们有两种接近生活与现实的选择：一种是用我们现成的概念从外部理性视角来看；另一种是在"创造性演变"当中体验现实，即"持续时间"（Bergson，1907/2001，1889/2004）。在伯格森看来，后者只能通过人类直觉才能实现。虽然在科学当中对于物质世界（"物质"）采取行动确实有用，但功利主义智能体却难以反映现存变化着的现实世界（Bergson，1907/2001，1896/1991，1889/2004），因此也无法创建一个"开放""包容"的社会（Bergson，1932/1977）。正如他所言，"强行将某一事物塞进我们创造的模具之中，结果只能是徒劳无功。所有这些模具都会被撑裂。对于我们试图放入模具之中的事物而言，模具实在太过狭小，尤其是缺乏延展性"（Bergson，1907/2001：Ⅷ）。

此外，伯格森还阐述了功利主义智能体构成一种道德的形式。

在《道德与宗教的两个起源》一书当中，他提出道德有两种选择：一种是"社会道德"，它的形式就像人为创造的时钟时间一样；另一种是"人本道德"，其形式就像动态变化的人体时间（Bergson，1932/1977：35－36）。社会道德指的是一种道德义务，既可以被应用，也可能会在危机时刻被搁置。因此，人们也可以说，它很容易成为一种利益驱动的伦理，且被用于服务特定的利益方。然而，功利主义智能体却不能产生构成我们存在方式的"人本道德"，这种存在方式不是按需选择，而是一种"风格"或"生活方式"（Bergson，1932/1977；Deleuze，1986；Lefebvre，2013）。正因如此，伯格森提出一种不同的伦理方法，即基于他所描述的大爱（我将在后文中介绍这一概念）的人本道德。这也是我所说的人本方法，以确保一个开放包容的社会——它不是以人类本身为优先考虑，而是以人本道德与无条件的博爱为首选专项。

亨利·伯格森的过程本体论

亨利·伯格森提出的过程本体论与他试图描述的现实一样复杂。因此，为了便于理解，我也需要在这里对它进行更为详细的描述。在伯格森的本体论之中，时间不仅仅是一个隐喻，也是一种哲学化路径与方法。因此，不论是我在前面提到的两种时间类型，或者是伯格森所说的"多样性"，它们都分别对应着一种哲学化路径（Bergson，1889/2004，1907/2001）。

第一种类型的"多样性"非常抽象。它只代表空间化的时间，是时间的度量，而不是时间在现实时空当中的表征形式。它是一种被定量切分的同质时间，因此在切分之时会有不同的尺度（改变空间大小）。如果我们使用隐喻来表达时间的话，时钟就能体现这种多样性。时钟时间不具连续性，而是被划分为从 1 到 12 的时段，这是一种周而复始的时间序列。正如伯格森所言，这是一个虚假性时间连续体，因为它是从实际运动（持续时间）当中抽象出来，是由空间度量决定的（它每小时增加一次）。换言之，它是一种空间形式的时间，它把持续的时间切分为"时段"，并没有考虑到"间隔"当中发生的事情（Bergson，1907/2001：21）。

另一种类型的"多样性"是"持续时间"抑或"真实时间"。持续时间由无数个时间组成，这些时间相互延伸，就像"转瞬即逝的色调相互融合的流动"（Bergson，1907/2001：3）。持续时间是由许多不同的节律构成的整体，人类的意识只是其中之一。持续时间是一种异质的多样性，与爱因斯坦所说的相对时间相似（但不完全相同；爱因斯坦与伯格森都是当代知识分子，他们一生都就时间进行相互争论，有英雄所见略同之处，也有分道扬镳的地方——在大多数情况下，爱因斯坦更不同意伯格森的观点）。它是一种质性划分，也就是说，当划分之时，整个"移动区"同时发生变化（种类与强度的变化）。在伯格森看来，这种"多样性"体现的是一种伯格森更愿意称之为的时间的"真实"连续体——时间表现为"连续"的时空形式（Bergson，1907/2001，1889/2004）。

在伯格森看来，将"真实时间"（表征）在空间维度上切分为外部同质结构（"闭集"），是一种对现实的利用。自然与生命被控制并加以利用以便满足实际需求。他提醒我们，这种同质结构实际上并不是"现实"，而是一种现实的客体化。这样看来，同质的多样性是人类理性创造的一个"不纯"的时间连续体，因为它代表了一种稳定的经验系统；这是一种"存在"的状态，从出发点开始给出"整体"，每个单元都指向一个预定的闭合点。相反，现实则实际上是一个"移动区"（Bergson，1907/2001：3）或是一种"影像的集合"（Bergson，1896/1991：18）。其中，人类能动者（"影像"）是众多享有同等权利的能动者（"影像"）之一。为了进一步说明问题，这里我们将引入吉尔·德勒兹与费利克斯·瓜塔里一文当中关于现实的经典解释，即"内在领域"（Deleuze & Guattari，1980/2004）。"内在领域"既没有起点也没有终点，因此它具有连续性与开放性：

> 它不是内部的自我，也不是来自外部的自我抑或非我。相反，

> 它是一种没有任何自我的绝对外部,因为内部与外部共同融合成
> 为内在领域的一部分。(Deleuze and Guattari,1980/2004:173)

根据伯格森的观点,在这种现实("影像集合"或"内在领域")当中,受功利主义思维的影响,人类的行为十分有限。功利主义思维只会掌握自己对于其他物体可能采取的行动(Bergson,1896/1991:21),因此其所了解到的也仅是"一个移动区域的中心点"(Bergson,1907/2001:3)。如前所述,这是一种被塑造与限制的思维,其目的就是利用现实(Bergson,1903/1999)。然而,人类也有其他潜质;只有将这种类型的思维视为我们唯一可用的能力之时,我们才会受限:

> 比如,所有否定我们具有获得事物全貌能力的学说。然而,纵然我们无法利用僵化的现有概念来重建人类现实,这并不意味着我们无法用其他方式来对其予以理解。(Bergson,1903/1999:51)

人类思想是由"思维"与"直觉"构成的复合体。我们可以把直觉与人类"动态思考"(Bergson,1907/2001:318)能力、情境经验以及不断变化的现实当中的所有能动者联系在一起,其中我们的情境经验由质性化时间或人类记忆决定(Bergson,1896/1991)。因此,人类有望接触到现实当中的真实时间——即"持续时间",因为只有人类才具有使用直觉感知持续时间的潜质。我们可以通过比较只有"智能"水平的人工智能系统与拥有"直觉"能力的人类之间的"创造性技能"来说明这两种不同类型的智力水平。尽管人工智能软件可以通过处理 346 幅伦勃朗(Rembrandt)画作的数据进行训练,成功创造出一个独特的 3D 打印图像。这看起来与伦勃朗的画作十分相像,甚至可能比任何人类的复制品都要好得多,然而它的创造离不开伦勃朗的存在。① 尽管后人在复制伦勃朗画作之时同样离不开伦勃朗的存在,然而,人类还可以创作出具有个人风格的画作,在时空范畴上

---

① 《下一个伦勃朗》是一幅 3D 打印的画作,是荷兰人工智能软件广告活动的一部分。它是根据对伦勃朗 346 幅画作的分析而生成的。

形成独特的自我定位。

鉴于这两种截然不同的能力之间存在根本性冲突，我们有必要区分它们在人类动态环境之中的应用差异。这里，我们以人工智能系统方法为例。2019 年 12 月，人工智能公司 BlueDot 基于人工智能对于新闻报道与机票数据的分析，针对即将到来的疫情发出了预警，展现出人工智能大数据预测分析的巨大潜力。然而，在 2020 年，由于全球封锁与全球危机，类似的预测性人工智能模型的巨大前景受到了人类环境与行为的挑战，发生了前所未有的根本性变化（McLeod，2020 - 8 - 14）。人工智能系统假定了一个不动的本体，或者换句话说，包括人类环境在内的可预测性现实事物。然而，如果我们不假思索地相信伯格森的过程本体论，我们可能会走向另一个极端——人类环境的本质属性就是不可预测并且变动不居。直到 2019 年底，关于人类行为的历史训练数据一直在塑造人工智能的预测行为，然而它根本无法处理具有不可预测属性的 2020 年现实世界以及遥不可及的未来。

同样，由于人工智能系统的普及与常态化应用，这些不同形式的人类动态品质（人类"关键文化时刻"的不可预测性）也受到了挑战。比如，为支持法官裁决而开发出来的人工智能工具可以基于针对判例法的处理，提供一个综合决策。法官可以使用这样的人工智能工具来为自己的决定提供信息支持。但是，我们也可以想象，像这样的人工智能工具会成为司法规范型 AISTIs，它将量化人工智能分析（基于过去判例法裁决）置于法官个人的主观判断之上，并以这种方式固化下来。正如欧洲委员会的一份章程所描述的那样，"他未来的选择会成为这些'先例'的一部分"（CEPEJ，2018：67）。地缘政治学教授路易丝·阿穆尔用不同的措辞，表达了类似的担忧，她将"质疑"看作是伦理决策过程当中最具人性化的部分，"质疑"挑战了那些绝对化机械性决策，这些决策是机器经过学习过程将几种因素相权衡之后仅仅选择了一种可能性的结果：

在当代机器学习算法当中,质疑被转化成加权概率的可延展性排列。尽管这种概率排列当中包含了模型之内的多重不确定性,但算法仍然将这种多重不确定性压缩为一个单一的输出结果。最终,一种决策被置于绝对化的地位。(Amoore,2020:134)

回到权力的数据伦理学的人本方法,我们现在可以对之前的命题加以限定,即它首先承认了人类作为社会技术环境当中伦理能动者的基本价值。事实上,功利主义思维在非人类智能能动者当中的复现是权力的数据伦理学所要解决的核心伦理问题。此外,我们也想要在这里对"智能化"非人类道德能动者也可以成为伦理能动者的观点提出疑问。与伯格森的观点不同,我们认为:从本体论上讲,这些"智能化"非人类道德能动者并非"伦理性存在"。实际上,一个通过数据(实时)空间化获得其"智能"(学习、记忆与进化)的技术系统显然只能拥有一种类型的人类智能,即伯格森所说的"时钟时间"。换言之,数据系统是一种对于时间的空间化,这种空间化的时间是其时空背景的一个部分,且被专门用于服务系统目的。这就是为什么权力的数据伦理学的第一个技术动量就是承认数据伦理是一种人类责任。

作为方法的直觉

参照伯格森"存在即运动"的过程本体论,我们也得到了一种权力的数据伦理学方法。在伯格森看来,理想的哲学行动是"动态地思考"(Bergson,1907/2001:318)并与分析对象融为一体。换言之,其是对稳定意义不断进行重新协商。作为一种感知形式,直觉在其中发挥着独一无二的作用(Bergson,1896/1991:66,183,185)。在《伯格森主义》一书当中(1966/1991),吉尔·德勒兹将其称为"作为方法的直觉"。这种路径是一种"进行时"状态,不断朝着未来的一个个未知点趋近。同时,这一方法也使得我所说的"伦理能动者"能有机会将自己置于一个关键问题或伦理困境的质化时空背景当中,并且考虑问题的相关条件。事实上，它不仅能够使得伦理能动者发现已有问题，而且也让提出新的问题成为可能。正是由于这个原因，伦理能动者在理想情况之下也是一个自由的伦理能动者。

因此，权力的数据伦理学的一个初衷就是要识别稳定意义生产系统（或者是我之前所说的主导文化系统或秩序）当中所掩盖的问题，并提出相应解决方案。正如德勒兹所言，问题与解决方案的发掘与其所处的系统密不可分。这也是它们不容易被发现的原因。因此，第一步就是要发现"体验条件"（Deleuze，1966/1991：23）（或者采用斯图尔特·霍尔提出的术语"感知条件"）。这些条件决定着已有问题及其解决方案的探索路径（或者德勒兹所指的问题的"陈述方式与条件"）（Deleuze，1966/1991：15）。事实上，这些问题也有可能是"虚假问题"。在某个（主导的）意义生产的文化系统当中，它可能被看作是一种失序；而在另一个文化系统之中，它可能本身就是一种文化秩序。比如，我们可以拿信息处理技术系统当中按照特定分类系统对于数据进行清理的行为作为例子。该行为可能是严格按照这个分类系统规则并以一种"有序性"方式进行操作。然而，我们有可能同时会发现，这种特定的排序模式（即分类系统）本身就存在严重的问题。例如，该系统可能在分类方法上存在偏见，因为它只代表了特定主导群体，结果对于少数群体造成了伦理影响（又见 Bowker and Star，2000）。这里，系统秩序本身就是一种问题，而"失序"（替代性文化系统）则构成了相应的解决方案。因此，我们可以认为：作为一种规则，所有的数据伦理问题都具有独特性，就像所有数据伦理的"解决方案"都是独一无二的一样。然而，二者同时作为意义制造的文化系统的技术动量，它们既具独特性，又有关联性。

德勒兹还为我们提供了一种权力的数据伦理学的工作方法：不是直接从解决方案入手，而是回到问题本身并且思考它的"成因"与"设计"方式。实际上，系统的特定权力表达机制本身就是一种问题，而其又会进一步帮助我们寻找相应的解决方案。可以说，我们以伦理能动性方式参与了这些权力机制。德勒兹指出,"真正的自由在于拥有决定权,在于构成问题本身的权力"(Deleuze,1966/1991:15)。那么,所提出的问题表征了怎样的社会现实?解决这个特定的问题又对谁有利?为了解决问题,我们需要找到问题、模拟问题,比如,试图理解最初问题的表征方式,并且"发现"虚假陈述问题(Deleuze,1966/1991:15-19)。只有这样,我们才能思考并寻求解决方案。

举例来说,如果在监控资本主义经济当中以"大数据思维"(Mayer-Schönberger and Cukier,2013)作为基本框架,隐私可能被认为是数据技术与商业创新之中的一个问题,也可能需要制定相应的技术解决方案。因此,从大数据社会问题的角度来看,我们可能认为开发具有默认跟踪技术组件,并且几乎没有隐私保护与保障的大数据系统合情合理。然而,如果我们回到"隐私是一个障碍"这一表述时,我们会发现:隐私其实不是一个问题,它甚至可能本身就是一个解决方案。例如,我们可以将隐私视为一种数据技术与商业创新(Hasselbalch,2013 B;Hasselbalch and Tranberg,2016)。此外,德勒兹还将伯格森方法描述为"与错误观念的抗争"(Deleuze,1966/1991:21),这是一种通过揭开真实表征来发现真实的方法,其被等同于体验条件。这只能在主观定性层面上做到,其中包括对我们自己在空间中位置的认识。我们用自我身体占据了"空间中的体积",我们同样用记忆来填满时间,这些记忆将我们感知到的不同瞬间联系起来(Deleuze,1966/1991:25)。换句话说,我们的位置与自身在理解、研究或解决问题上的投入,可谓优劣并存。一方面,它限制了我们的体验;另一方面,人类直觉使得我们有能力发现这些体验条件。

作为一种方法,直觉构成了时空现实的时空路径,这种路径是一个不断演化的动态过程。因此,我们也可以认为:权力的数据伦理学没有物质形式,它不是一个指南、一套原则、一部法律、一项倡议抑或是一本手册,它是一个过程。它具有时序性。这一点很关键,因为社会技术系统也是在时间上得以构成的。正如我在本书第一部分之中参照休斯(1983，1987)与穆尔(1985)所说明的那样，它们具有一种支持宏观时间尺度辨认的模式。例如，当考虑一个具体的数据技术设计之时，我们不仅仅将其作为一种具有特定属性的空间占用类型来予以处理——如一套固定的价值体系（"好""坏"之分），当然也可以通过在设计当中注入另一套固定价值体系；而且我们认为，作为一种社会技术过程，其具有可以想象、构建、采用、治理或再创造的可能性。

总而言之，通过权力的数据伦理学的人本方法，我们不仅要思考自身可以将数据伦理学应用到哪些具体事物之上（例如，技术设计的对象），同时也要思考数据伦理学在什么情况下更为适用。正如我在本书中所说的那样，数据伦理学的协商空间适用于存在社会争议的关键文化时刻，适用于"所有模具被撑裂的时刻"（Bergson，1907/2001：ⅷ），适用于文化冲突当中隐含的价值与利益被明示的时刻。在我看来，这些时刻是最人性化的时刻，这一点我在前文已经说过，这里我再次予以重申：从本质上讲，关键文化时刻是人本方法的全部使命，它试图确保关键文化时刻能被纳入社会技术研发的设计、采用与治理中来。

人性化时刻的条件及其作用也是权力的数据伦理学在 BDSTIs 与 AISTIs 背景之下如此重要的原因。大数据社会的技术基础设施之中所特有的一个核心伦理问题就是人类文化以及相应关键文化时刻在大数据系统当中的固化问题。换言之，我们如何在不透明的社会技术研发之中支持人类关键文化时刻，并将文化争议与人类阐释简化为一个自动化的大数据过程？这是权力的数据伦理学必须要应对的一个伦理问题。

因此，当我说人本方法与文化过程与生活方式相关之时，我想表达的是人本方法涉及人类的权力基础设施。它希望能强化人类的批判能动性与伦理责任感。例如，在 2020 年，英国学生上街抗议英国考试委员会采用的 Ofqual 算法，在考试因新冠疫情而暂停时自动生成他们的成绩。这些不是由教师对于每个学生进行的动态的定位评估,而是由一个算法对于学生所在学校的历史表现进行加权之后而给出的评分。其结果是,那些来自大型公立学校的学生成绩暴跌,而那些在小型私立学校就读的学生的成绩扶摇直上(Hern,2020-8-14)。现在,学生抗议是人们的主要关注点,这是我们都记得的画面,但是我们也可以试着了解一下抗议发生之前的时刻:一个名叫劳拉·霍奇森(Laura Hodgson)的学生这样描述了她拿到低分的情景:"我在早上8点登录系统查询成绩之时,当我看到成绩是C的那一刻,我委屈极了,哭了将近一个小时"(Gill,2020-8-13)。在我们看来,劳拉与预测算法的这次关键会面具有重大意义:这是个人情境经验与AISTIs当中引入预测算法的经验之间发生冲突的争议时刻,这种时刻就是关键文化时刻。此时,权力从幕后走向台前,社会性争议站到舞台中心位置。同样,正如我在前文所述,这些时刻也是最人性化的时刻,我们希望能够运用权力的数据伦理学以非常具体的方式保留这些时刻。——此时此刻,人类的情境经验、人类记忆与直觉得以激活,并且人类的批判能动性得以激发彰显。

数据伦理学作为整体的生活方式与文化

到目前为止,我已经把文化描述为一套意义制造的概念系统,能够把拥有共同概念框架与资源的社区聚集在一起。在某种意义上来看,文化系统也是一种主动系统,它们有着特定的优先级、目标与组织世界的方式,这些都可以通过工程师的积极实践而在社会层面得以实现,或者通过技术系统等物质形式得以表征。关键的问题是,文化是由利益建构与投资的,因此主导文化只是其中一种世界观的代表而已。

文化研究领域建立在针对这种稳定的主导文化系统的批评之上。雷蒙德·威廉姆斯对于传统意义上精英主义的文化定义(这些定义假定一个稳定的社会现实是由持久性价值、规定性意义与存在性状态所构成)进行了批评:"(他们)认为所有的意义都是可以被任意规定的,可真是狂妄自大。事实上,这些意义是以一种我们无法预知的方式由生活创造并重造。"他继续说道(特别提到了英国的文化,尽管其意义要宽泛得多):

关于文化,我们唯一可以说的是……所有的表达与交流渠道都应该做到畅通开放,这样,我们就可以将整个实际生活带入意识与意义当中,因为我们无法提前知道这些实际的生活,即使身在其中。(Williams,1958/1993:10)

根据威廉姆斯的观点,这种"整体性真实生活"(他所指的"现实")只有在创造性开放知识系统驱动的社会之中才有意义。文化多种多样,重要的是,这些文化不仅仅是一种稳定的生活方式,它们既可以是上流社会的精英主义,也可以是"下里巴人的"平民主义(Williams,1958/1993:6);换言之,文化是一种整体性生活方式。因此,他用文化的概念化来对抗主导的文化系统,认为文化可能会受到意义制造的替代性文化系统的挑战与反抗。这里,我们可以将威廉姆斯对动态性、创造性,关键是包容性文化的认知与伯格森的权力的数据伦理学的过程本体论联系起来。他们一致认为:文化不是一个给定的东西,它没有稳定的意义;文化是一种变化过程,一直处在协商与博弈之中。正因如此,我认为 BDSTIs 与 AISTIs 的文化构成部分是权力的数据伦理学的一个重点关注对象。

权力的数据伦理学认为:技术是嵌入社会分层的意义制造文化系统中的一种文化产品与技术实践。在 BDSTIs 与 AISTIs 等社会技术系统之中,文化(如第 4 章所示)是由个人具身体验的;而文化编码被视为常规性稳定意义框架,它们在维持部分人的权利的同时,压制着他者的自由度与能动性。因此,我们也可以把数据技术与技术实践的文化系统看作是我们应该寻求解决之路的数据伦理问题。

正如我在前文中所述的那样,文化批评的行为本身尤其受到日益具有自主性的道德能动性的挑战,这种能动性体现为积极复现并激活世界的主导文化体系分类。这就是为什么权力的数据伦理学首先寻求在 AISTIs 与 BDSTIs 研发应用当中复现并保障关键文化时刻。在关键文化时刻，文化被视为具有创造性、整体性与多元性；同时，文化意义的协商也具有了可能性，替代性文化可以发声并得到重视。正如第 1 章所说，权力的数据伦理学的一个目标就是要挑战既定的权力文化系统，以使边缘化的文化经验得以发声。

权力的数据伦理学的伦理是怎样得以实施的呢？如果文化不具有单一性或稳定性，并且如果它因此无法被现有的文化概念充分解释与表征，那么"伦理文化"又会发生怎样的演变呢？在与迪迪埃·里蓬的一次对话当中，当被问及伦理问题之时，德勒兹回答说："正是包罗万象的生活风格使得我们成为这样或那样的人"（Deluze，1986）。伦理不等同于道德义务，不只是关于善恶好坏的表征；相反，它是我们所做的一切，就是我们的生活"风格"。因此，伦理不是说教，它与文化一样，需要被具身体验。这也正是哲学家香农·瓦勒尔所说的道德自我修养或修养道德自我的实践形式，她把这种实践与特定有利条件下惯常体现道德价值的共享文化联系在了一起（Vallor，2016：63）。

在《道德与宗教的两个起源》一书当中，伯格森同样对社会道德与人本道德这两种方法进行了区分（Bergson，1932/1977：35 - 36）。如前所述，他将社会道德看作是一种在社会中被迫强加的道德义务。因此，我们不认为它是自身体验。从这个角度来看，社会道德是一种我们可以抵抗或者搁置的道德。相反，人本道德是一种生活方式，一种伦理的存在方式。它是我们人类的一部分，它不是符号系统的表征，而是在实践当中作为一种情感的直觉表达：

> 只要情感气氛到位，只要我嗅到了它的气息，只要我身在其中，我必然会跟随它的脚步，随之起舞；这不是出于约束或要求，而是本能使然，一种我不愿意抗拒的本能使然。（Bergson，1932/1977：48）

这种人本道德就是我所认为的"伦理行为"，也就是权力的数据伦理学的能动性。它以一种十分微妙的方式得以表达出来，而且不断地在动态复杂环境中进行协商与竞争。它体现在我们的行动与实践风格之中，体现在不同技术风格（Hughes，1983）与不同治理风格的细微差别之中。相反，社会道德没有任何风格可言：它不具有可商讨性，而是被铭刻在规则与机器之内。

基于上述缘由，在此我们可以得出结论，权力的数据伦理学中的"伦理"可以通过文化与生活方式的转变来实现（Bergson，1932/1977；Lefebvre，2013）。如果希望我们的人权以多元性而非顺从性的方式在社会技术系统中得以实现，文化与生活方式的转变就显得至关重要（Lefebvre，2013）。当然，这并不意味着在社会当中压根不需要成文的法律或共享的通用框架，而是说基于成文的法律或共享的通用框架来解决伦理问题并不是真正意义上的数据伦理。权力的数据伦理学所要做的是确保批判声音的存在以及协商与反思的落实，进而达成妥协，尽管妥协本身也会带来全新的伦理问题。这样看来，数据伦理学从来都没有起点抑或终点，而是随着目标的动态变化而不断前进。

爱与开放社会

现在，我们需要回到权力的数据伦理学的第一个生成问题：数据伦理学为什么重要？人性化的权力的数据伦理学之所以重要就在于它使得开放社会成为可能。伯格森（1932/1977）描述了两种类型的社会：开放社会与封闭社会。开放社会同样也是一种开放的普遍"爱"，这种爱没有私利，而是普遍地指向全人类（Bergson，1932/1977）。换言之，开放社会的特点就是一种真正意义上普遍而独立的爱。它没有特定的对象（或利益）。在分析伯格森对人权的目的与功能的描述之时，政治与哲学教授亚历山大·列斐伏尔（Alexandre Lefebvre）认为这是一种关心自我并联系自我与他者的方式：

开放的灵魂洋溢着爱,但它不是为了任何特定的东西。不是为了某个家庭或者国家,也不是为了人类、自然、神灵或者宇宙。(Lefebvre,2013:92)

因此,开放社会也是一个公平社会,因为它并不依附于任何特定的内容,也没有特定的利益。为了切实说明这种爱,列斐伏尔引用了Jankelevitch(1967/2005)的例子:一个人走在大街上欢快地对他身边路过的每个人都保持微笑。他不加区分,没有任何特定的对象。基于这个例子,列斐伏尔对博爱做出了以下总结:

爱是性情,也是心情。它是一种存在方式,并不直接依附于任何事物。(Lefebvre,2013:93)

另一方面,封闭社会具有清晰的"边界";它建立在"偏好、排外、封闭"的基础之上(Lefebvre,2013:88),表现为"权威、等级与固化"(Lefebvre,2013:90)。在封闭社会当中,爱总是稳定地指向某个特定对象(家庭、国家等),这是一种在特定社会当中作为义务强加的道德表现,具有表征性与象征性。封闭社会之中的爱与道德表达了一种"封闭取向",因为它指向的是某个特定的对象。换言之,爱是一种利益表达,它献给了某个特定的群体。伯格森用战争的例子说明了社会道德的核心问题。如前所述,他就人权如何在战争年代被搁置进行提问并给出了回答。具体来说,这仅仅是因为人权以针对特定群体的道德义务的形式得以实现,而这恰恰表达出了道德义务的排他取向:

谁不知道,社会凝聚力在很大程度上是出于一个社区保护自己免受他人侵害的必要性而形成的呢?谁又不知道,我们对于身边人的爱主要是为了防范来自其他人的威胁呢?(Bergson,1932/1977:32)

因此,在我们看来,爱有两种不同的类型,它们在世界之中具体化为两种不同的道德实践。第一种实践具有适应性、开放性、包容性、流动性，而第二种实践则具有固化性、封闭性、排他性。同样，参照我们之前对于伦理能动性与道德能动性的概念处理方式，这里我们认为：前者可以被看作是伦理实践，其能动性源自无条件的爱；后者仅仅是一种道德实践，其能动性源自义务与规定。

在列斐伏尔看来，正是在《道德与宗教的两个起源》一书对开放社会的描述之中，人类权利获得了其应有的核心地位，因为它们是"克服社会与道德封闭取向的最佳方案"（Lefebvre，2013：83）。事实上，人类权利被看作具有普遍性，因为它适用于全人类，意味着所有社会之中的个体都必须享有同样的权利。然而，伯格森却担心，由于人类权利在实际社会之中是作为社会道德而得以实施的，其真正价值并没有真正实现。同样，列斐伏尔也认为人类权利没能在道德义务中得到充分体现；事实上，人类权利的目标在本质上更符合一种变化的存在状态。换言之，它是一种变化性目标。人类权利的功能是改变人类个体以及国家的思想与特征。例如，人类权利不仅保护个人，而且还通过审查与改革专断的国家法律与实践来得以实现。此外，人类权利不仅采取义务与法律规定的形式，还体现在文化实践之中（Lefebvre，2013：75-81）。

为了说明人本道德与社会道德之间的区别，我再次以20世纪10年代欧洲BDSTIs演变为背景，提供一个伦理价值与人权（也就是隐私权）的生活实例。我把隐私视为一种人本价值，它使我刚刚描述的那种开放社会成为可能。鉴于这点已经得到了充分论证（如Solove，2001，2008；Cohen，2013；Hasselbalch and Tranberg，2016；Veliz，2020；等等），我将不再展开讨论。在欧洲，隐私权不仅是《通用数据保护条例》与《基本权利宪章》中规定的一项法律权利，同时也嵌入成员国的法律之中，因此它也被视为是一项欧洲公认的道德义务。尽管如此，在短暂的历史进程当中，互联网通过不断发展监控与跟踪手段，并在自动化电子系统中保留与关联个人数据，在全球范围内对隐私权（以及"私人与家庭生活"的权利）造成了巨大挑战。

在斯诺登揭露了美国的大规模监控系统之后，联合国代表大会于 2013 年声明：人们在线下世界享有的权利同样也必须在线上虚拟世界当中得到保护。这一声明基于这样一种认识：大数据社会的权力分配与条件不仅对于隐私权等人权的法律实施构成了挑战，而且这些新的权力结构也使得人们质疑隐私权等人权的合理性。换言之，在互联网成为全球社会中心的短短时间之内，隐私作为一种对个人的保护与道德义务，正在逐渐让位于其他利益，这些利益强烈支持搁置个人隐私权。一方面，在 20 世纪 90 年代，"匿名"与"网络隐私"被描述为互联网赋予的独特体验。个体可以体验不同的"身份"（Turkle，1997）与"性别"（Haraway，1985/2016），并且能够在其保护之下挑战既定的权力形式及其所构成的市场模式（Vinge，1981/2001）；另一方面，网络匿名形式的隐私权也与协助并实施黑化行为相关，例如：身份盗窃、网络钓鱼（Donath，1999）、霸凌（Kowalski et al.，2008）、恐怖主义以及非法享受版权保护的材料（Armstrong and Forde，2003）等。个人隐私概念甚至一度被认为迂腐不堪以及"不再是社会规范"（Johnson，2010 - 1 - 11）。正如法学学者朱莉・E.科恩所言：隐私"为自己挣得了一个坏名声"（Cohen，2013：1904），而且关于隐私的公共话语日渐变成了针对隐私权以及侵犯隐私的商业与国家行为的合法化讨论场域。

此外，作为文化技术动量的个人隐私经验本身也受到了影响。在 2014 年，我与韦尔纳・莱特（Verner Leth）、里克・弗朗克・约恩森（Rikke Frank Jørgensen）在丹麦青年当中进行了一系列关于他们使用社交媒体的焦点小组研究。结果表明，尽管这些年轻人在实践之中确实意识到他们需要不同形式的网络身份管理来保护隐私，但他们同时也表现出了一种让步，为了与同龄人一起参与社交生活，他们不得不同意把自我隐私权让渡给那些提供服务的社交媒体公司（Jørgensen et al.，2013；Hasselbalch and Jørgensen，2015）。事实上，他们已经在个人隐私利益与社交媒体的商业模式提供的便利之间做出了选择，并同意暂时搁置自己的隐私权。

然而，在欧洲全面的数据保护法律改革的浪潮之中，BDSTIs 的隐私影响重新获得了公共政策与社会大众的普遍关注。比如，在 2020 年，隐私影响是欧洲关于接触追踪应用程序研讨之中的一项核心议题。那么，这是否意味着网络隐私研讨现在已经成功地变成了一种人本道德或生活方式呢？换言之，它是否成为一种数据伦理文化，并且能够保障它成为欧洲技术研发、实践、采用与体验的一种核心价值呢？或者依旧是我所认为的一种带有特定利益取向的社会道德的应用而已呢？比如，为什么隐私只在关于接触追踪应用程序的辩论之中受到关注，而在其他领域当中却似乎反响平平？

权力的数据伦理学在此敦促我们跳出关于技术隐私的公共研讨的藩篱，关注其背后微妙的权力与利益斗争。在欧洲接触追踪应用程序的案例当中，这些表现为权利主体（欧盟成员国）与其他主体（苹果与谷歌公司）之间的角力。可以说，这些公司在一定程度上有意转移了人们对其他数据伦理影响的关注，比如接触追踪应用程序以及疫情期间开发的其他数据驱动技术（Hasselbalch and Tranberg，2020）。换言之，通过权力的数据伦理学，我们可以解决大数据社会中权力的结构性分配问题。同时，我们发现，在欧洲的 BDSTIs 与 AISTIs 的开发过程当中，人权（如隐私权）实施仍然只是表现为社会中的一项道德义务。这种道德义务受利益或主导权力的影响，可能被应用，也可能被搁置。

伯格森甚至怀疑，人权实际上往往是作为一种道德义务或社会道德的形式得以实现的。基于此，我们不禁发问：这是否就是隐私在大数据社会的社会技术现实当中既可以被应用也可以被搁置的原因呢？在我看来，的确如此。尽管在 2020 年，数据伦理学作为一种道德义务在战略文件与原则指南当中被反复强调，但它仍然没有成为一种文化或生活方式，也没能成为一种技术风格或实践，而是能够根据不同的权力利益被应用抑或搁置。

人权、人格尊严与爱

在国际上，我们的人权体系最初起源于 1948 年由世界不同地区代表起草的《联合国人权宣言》，它由各种机制来监督缔约国对其人权义务的遵守情况。此外，《欧洲人权公约》已由欧盟委员会的 47 个成员国共同签署，并设有一个人权法院。在欧洲，《基本权利宪章》将欧盟公民的权利写入了欧盟法律，保护欧盟公民的权利神圣不可侵犯。欧盟机构与成员国在执行欧盟法律之时，都有相应的机制来确保基本权利得以落地实施。其中，作为一项基本权利，个人数据保护在广泛的数据保护监管框架当中予以明确规定。几十年来，人权已经在各个公约与国际协议中得到了标准化确立，并在全世界的法律与实践中得到了制度化保障与实施。那么，我们可能会问：既然我们已经有了如此全面的国际人权体系，为什么还需要人本方法与权力的数据伦理学？

21 世纪 10 年代末期，当"数据伦理"在学术、公共政策与商业话语当中获得普遍关注之时，其在社会当中的治理角色与功能图谱却经常受到严重诟病，有时甚至被认为是一种"伦理清洗"（Wagner，2018）——将它看作是一种转移视线的手段，使人们不再关注 BDSTIs 与 AISTIs 对于人类权利的真正影响，使得人们不再关注国家的迫切需求（尤其是主动更新保护公民在线权利方面的积极义务）。此外，各种"数据伦理"倡议的结果、成果与要求也往往被认为模棱两可、不切实际。它们会不会淡化现有的人权要求与法律，会不会淡化对义务与机制的更新需求，以此确保其在快速发展的网络领域得到广泛应用？这些批评在很大程度上合情合理。比如，许多争议性"数据伦理"与"人工智能伦理"倡议确实在这一时期由持有不同利益取向的私人公司、组织与国家提出。尽管如此，我仍然相信：在人权背景下，存在一种方法能够重新调整数据伦理在其中所扮演的角色。

为权力的数据伦理学提供一种人本方法并不是空中楼阁。首先，它意味着我们希望找到一种事物建构、实践与治理的综观方式，使之造福于伯格森在他 20 世纪作品中所提倡的博爱，致力于人本道德与人权的落实。这是一种对人类的爱，表面看似抽象，实则具体；看似虚无缥缈，却也触手可及。

伯格森不仅在哲学上致力于人权的实现，更是以非常务实的方式参与了人权实践。第一次世界大战结束时，他与美国威尔逊政府密切合作，创建了联合国的前身、国际维和组织——国际联盟。他甚至被任命为国际知识合作委员会（联合国教科文组织的前身）主席。此外，他的著作对《人权宣言》的起草产生了深刻的影响——至少，据起草人约翰·汉弗莱（John Humphrey）本人说确实如此（Curle，2007）。

据此，我认为权力的数据伦理学的人本方法与人权息息相关。然而，到目前为止，它似乎与人权在网络领域的实施方式鲜有关联。实际上，人权必须以"同样适用于网络"的方式予以重申（UN，2013）。这也表明：如果仅仅作为一种道德义务得以实施，人权系统的"社会道德"可以在变革、商业与国家行为等社会过程当中予以搁置。这里，我们可以联想一下"默认跟踪"商业模式的演变过程，这种模式几十年来从未受到过人权法律监督与问责的影响。之所以会发生这种情况，是因为数据伦理最初并不是作为一种文化实践性人本道德以及设计师与企业家的人类责任得以应用，而是演变成了一种"社会道德"，并与法律规定与"检查清单"实践当中商业发展与创新的文化过程剥离开来。

现在，我们需要做的是，将政策、商业与公共话语当中的人权与数据伦理讨论重新聚焦于一个共享性参照框架上。这里，我希望把伯格森提出的"博爱"这一概念作为当代数据伦理学甚至是当代人权框架的基础。在传统意义上，"人格尊严"一直是各种人权表达的共同基础。正如《人权宣言》序言中所述："对人类大家庭之中所有成员的固有尊严及其平等不移权利的承认乃是世界自由、正义与公平的基础"。

然而，如前所述，尊严这一概念有着深厚的历史渊源，并在第二次世界大战之后得到了进一步强化，从而回应了那些真实性人类经验的呼唤——人类受到极权政府的无情压迫，特别是犹太人遭受了法西斯的残酷迫害。《人权宣言》正是基于这一经验而起草的，其伦理取向显然是对这一特殊历史经验的回应。

实际上，我们现在需要的是一个共享性参照点，这不仅是针对占主导地位的极权政府的回应，也是对于广义上流动型权力的回应。同样，我们需要将自身对于伦理能动性的关注超越人类社区与人类尊严的范畴，建立对于我们所在环境整体与生态系统的爱，这一点已经变得愈发迫切。此外，在网络领域当中，我们不能只是将人权视为抵御外部"恶魔"的盾牌。正如鲍曼（2000）所描述的人工智能时代伦理影响一样，我们需要在实践当中探索出一种博爱型伦理，这是一种系统之中的人类赋权该系统在我们的日常生活与基础设施中嵌入了内部"恶魔"。因此，我们需要把对所有生命不偏不倚、不一不异的爱作为人本方法的基础。换言之，我们需要一种人权的人本道德。

这是一种普遍的爱吗？它能打破地理范围与文化区域的藩篱吗？纵观人类历史长河，世界各国的全球性意图总是不断带来全球性紧张局势。在主导文化与区域权力利益博弈的背景之下，爱总是有可能被不良分子利用并篡改。权力的数据伦理学必须特别警惕地方文化与社会技术基础设施实践当中所表现出来的新型殖民主义之间根深蒂固的紧张关系。时至今日，这种紧张关系在实践当中仍然没有得到妥善解决，同样我也不期望我能在这里将其完全根除。尽管如此，我相信人本方法是以文化平等性方式在全球落实权力数据伦理的一个关键要素。其中，人权学者克林顿·蒂莫西·柯尔（Clinton Timothy Curle，2007）从伯格森主义视角解读《世界人权宣言》与约翰·汉弗莱的起草书后得出的发现对于这一点至关重要。

他提出了"人类友谊"这一概念，并将其作为普遍伦理基础而不是"文化的完全同质化"（Curle，2007：154）。正如他所言，这既是基于对于卓越标准的追求，又是基于针对实现这一目标的历史沿革与文化限制的理解（Curle，2007：23）。这是一种针对动态变化的环境做出回应的人权：人权是一种建立在人类生活经验上的"意向"（或使用伯格森主义的术语"直觉"）再现过程。这样一来，我们就不应该仅仅把人权看作是一种制度，而应该将其视为一种接受多元化审视的人类经验。同样，柯尔也指出，伯格森主义的人权方法是将"人权项目视为一种将人性意识恢复到现代性当中的尝试"（Curle，2007：153）。

有了这种融合了数据伦理、人类大爱与人类赋权的社会技术基础设施，现在我们可以开始探讨权力的数据伦理学的第二个生成要素——行动导向型批判框架，该框架能够解决大数据时代的权力条件。如果伦理与道德是我们每个人的风格、文化实践与生活方式，那么何以见得它们能够在社会治理背景下发挥作用呢？换言之，除了将其作为一种道德义务强加于人之外，是否存有一种方法可以帮助社会基础设施以"合乎伦理的方式"管理社会呢？

2) 权力的数据伦理学如何助力实现"美好社会"？

如果我在前文中描述的大数据文化、技术与社会之中的权力分配真的同我们的存在方式与"开放社会"（即我刚刚提出的遵循权力的数据伦理学的"美好社会"）不相协调，那么如何才能使它们实现和谐统一呢？权力的数据伦理学能在其中发挥什么作用呢？

在我与特兰贝里在2016年发表的一书当中（Hasselbalch and Tranberg，2016），我们将数据伦理视为一种活跃的变革型社会运动：

> 在全球范围之内，我们注意到：数据伦理的范式转向以社会运动、文化转向、技术升级以及法律更新的形式出现，人类也日渐被放在了中心位置。（Hasselbalch and Tranberg，2016：10）

换言之，在21世纪10年代末期，权力的数据伦理在社会当中表现为一项主动议程，聚焦于大数据时代背景下社会权力关系与利益的转变。

在前面的章节当中，我将这项议程的数据伦理描述为一种人本方法：该方法致力于将大数据社会当中隐含的权力关系及其条件可视化，从而阐明支持人类利益与人类权力的设计、商业、政策、社会与文化过程。因此，我认为，我们可以将权力与人类的伦理能动性作为权力的数据伦理学的定位锚点。权力的数据伦理学的一个基本关注点就是数据系统与数据过程当中人本道德被简化为社会道德的权力条件，正是这种权力条件阻碍了我们建构开放社会（包容无私的大爱）。借此，我们可以将数据伦理看作是一种对数据系统与权力简化特征的抗议、一种针对排他性权力的抵抗。相应地，我们也可以认为，数据伦理主要代表的是社会技术数据基础设施中少数群体、边缘群体与弱势群体的声音。

权力的数据伦理学关注的是技术、文化与社会在塑造人类能动性与人类经验的社会结构中共同发挥的作用。它使原本不可见的权力机制在质性化的微观、中观与宏观时间维度的社会与文化背景之下变得清晰可见。从本质上讲，这意味着权力的数据伦理学始终在不同维度之间切换视角，试图同时涵盖部分与整体（微观与宏观）。

权力的数据伦理学作为一种实践形式

权力的数据伦理学是一种活跃型伯格森主义式的人本道德。因此，它也是一种治理方式。这种说法可能被视为自相矛盾，因为我们刚刚了解到：人本道德不能仅仅被应用（也不能被搁置），而是要作为一种具身体验。尽管如此，我希望在此强调一点：在大数据与人工智能时代，人本道德的推广普及可以在社会技术变革的治理过程当中发挥重要作用。

权力的数据伦理学是一种人本方法，它确保了人类在数据文化当中的伦理能动性与责任感。为了实现这一目的，请允许我在此重复在本书第一部分中提到的"伦理治理"这一概念。这里，我重点关注的是数据伦理，尤其是人本方法的作用。其中包括：当价值与利益被协商与阐明之际，当协商空间出现之时，人类对于社会技术发展关键时刻的反思。大型社会技术系统在社会当中整合所需技术动量并不只是以一种不可解释的自然意志来对社会、经济与文化因素进行任意组合（Hughes，1983，1987），相反，它需要依靠"人类的力量"。因此，这种技术动量可以被转化为不同的治理模式，进而对构成系统技术架构的各种方向、价值、知识、资源与工具予以指引，并能促进系统治理及其在社会当中的采纳和应用。然而，如何来实现这一点呢？

如第 3 章所述，伦理治理兼具多主体性、自反性与开放性（Hoffman et al.，2017），旨在启动"最高行为标准的过程、程序、文化与价值"（Winfield & Jirotka，2018：2）。基于这一概念，我认为有必要在 BDSTIs 与 AISTIs 研发过程当中纳入数据伦理治理，专门用于解决大数据社会当中本然的复杂性，同时确保其中的人类伦理能动性与责任制得以落实。数据伦理治理致力于在大数据社会的条件与质性化现实当中发现非常规性关键问题，并相应地对这些问题及其解决方案进行构建与重述。问题的关键是，数据伦理治理通过探究那些传统问题与解决方案的提出与创建的方式、时间以及原因（就我们习以为常的问题与解决方案而言，谁能从中获利？）对其提出了质疑。比如，数据伦理治理会发出如下质疑：哪种综观性解决方案最符合伦理问题的背景与条件？类似的问题还包括：我们如何确保这样一种数据文化（其中人类作为负有伦理责任的关键能动者地位能够得到承认与保障）？确切地说，作为一种以人为本的参考指南，权力的数据伦理学在 BDSTIs 与 AISTIs 研发过程治理当中发挥着至关重要的作用。

总而言之，我认为权力的数据伦理学当中存有两种关键行为。它们对于关键数据伦理协商空间的实现至关重要。在这一空间当中，价值与利益得以协商，问题得以识别与构建，文化妥协得以显露，方向也得以重新聚集在以人为本的权力分配之上（见图 5-1）：

保证权力与利益可视化。第一种行为是披露与分析过程；这种批判性应用伦理关注的是文化与权力机制中的数据利益，牵涉具体的数据技术与系统、数据设计以及实践，同时体现在公司与组织之内、工程师与用户之间以及政治讨论当中。在对数据系统设计本身的微观维度的分析之中，我们可以发现其中的利益与权力机制；同样，这些利益与权力机制也可以在中观维度的分析当中找到。比如，在关于数据与人工智能的政治策略的建构之中、在多利益相关方的团体章程之内，或在法律协商过程当中，等等。此外，它们还可以在宏观维度的分析之中显现，比如在文化范式转向当中、在权力机制之内以及在全球文化模式之中。在前文中，我已经提到过一些与批判性应用伦理相关的案例，如数据系统分析、关键数据调查、话语研究、法律研究以及监控研究等。

保障关键文化时刻。第二种行为是确保社会技术研发与采用当中人类关键文化时刻得以彰显。我已经在前文当中表明：这些关键文化时刻具有特殊性人本特征，意味着当人类记忆与直觉得到特别重视并获得一定的时空范畴进行调整之时，这些时刻才可能出现。因此，对于这些时刻的保障在本质上也是人本方法的使命所在。人类关键文化时刻的开放性能够在微观、中观与宏观时间维度上得到切实保证，例如，在数据设计与数据流程中、在机构与公司实践中以及当社会中的社会技术系统出现危机并且需要治理之时。

最终，基于数据伦理治理框架，出现了诸多非传统型人类伦理治理形式，牵涉到：BDSTIs 与 AISTIs 开发者与工程师；公司与组织中的职员；从小学到大学再到工作场所中的教育者与施令者；那些勇于揭露并对抗社会不公的活动家；制定方法的科学家；以及 BDSTIs 与 AISTIs 的部署者、采购者与使用者等，纷繁复杂。然而，在大数据社会当中，政策制定者的传统治理工作还涉及一些关键的数据伦理治理组件。我将这些组件称为"保护人类权利的法律框架"与"自下而上地塑造人工智能系统中人类干预的治理方法"。我相信，将所有这些过程与实践有机结合，就能够将大数据社会重塑为一个人本社会。

人类赋权型基础设施

在前文当中，我已经介绍了权力的社会技术基础设施，即 AISTIs 与 BDSTIs。它们是权力的数据伦理学当前研究的起点，但却并非其目标。我们真正想要做的是：确保能够开发出一套人类赋权型基础设施。所谓人类赋权型基础设施并不等于它能被人类无条件地盲目信赖，而是需要不断证明其对人类的价值。通过这种方式，人类方能对其承担起相应的伦理责任，这也是我们判断某个社会技术基础设施是否"可信"的唯一标准途径。

基于伯格森的著作，我们认为：人类权力取决于人类的情境经验，这种经验由质性化时间、"记忆"、质性化异构多样性（或者我们所描述的"动态思考"）以及感知持续时间的人类潜质所决定。这里，我想通过一种隐晦的方式表达自己的真实想法：权力的数据伦理学并非仅仅关指广义的人类，它还具有以人为本的具化属性。就像伯格森所描述的持续时间一样，它并非关乎广义的时间（类似于时钟时间），它就是时间的本源。

从本体论上看，人类环境的持续时间与 AISTIs 的基础设施时钟时间之间相互排斥，水火不容。在我看来，只有在争议时刻（也可以说是当模具被撑裂，不同权力之间的难以协调暴露无遗之际），它们之间的冲突才会变得如此碍眼。实际上，争议本身就是最具人本意义的价值，具体体现在抵制或拒绝镌刻在人类个体与集体当下时刻的未来趋势。那么，这究竟在我所说的三种权力（AISTIs、BDSTIs 与人类的权力）之间彼此竞争的语境当中意味着什么呢？现如今，AISTIs 日益具备了强大的能动性，能够通过在时空维度对于生活进行预测来使其在社会当中得以固化。正如伯格森所说的时钟那样，我们不仅知道时钟会敲响 12 次,而且明确知道它究竟会在何时敲响。这种把握现实与未来的感觉让我们深感惬意,并且它允许我们在社会环境当中对于时间进行管理协调。然而,这并不意味着我们可以预知一切,同样也不意味着我们的未来已经确定无疑。人类生活与社会的不可预测性正是我们想要保留的地方,试想,如果那些不公待遇以及那些针对少数群体的不当对待与歧视被铭刻在石头之上,抑或被写入算法之中,再或者被设计到遍布社会边角的数据系统之内,到那时我们所渴望的将是拥有对抗这种固化未来的能力。

第 6 章

结　论

> 强行将某一事物塞进我们创造的模具之中，
> 结果只能是徒劳无功。所有这些模具都会被
> 撑裂。对于我们试图放入模具之中的事物而
> 言，模具实在太过狭小，尤其是缺乏延展性。
>
> ——亨利·伯格森（1907）

在 1940 年的一天，亨利·伯格森，这个举世闻名的哲学家，前往巴黎的一个警察局登记了他的身份信息。作为一个犹太后裔，他被强制要求这样做的原因就是法国在投降德国之后组建的维希政府刚刚出台反犹太法律。除此之外，这些法律还禁止犹太人担任公职；禁止他们成为记者、学生、医生、律师或商人。鉴于伯格森是位著名学者，维希政府曾提出让其免受上述法律限制，但他断然拒绝。在警察局里，伯格森毫不掩饰自己作为犹太人的身份，在登记表上写下："学者、哲学家、诺贝尔奖获得者、犹太人"（Martin，1994/2014，第 10 章）。

在 80 年后的 2020 年，在世界的另一个地方——美国，罗伯特·威廉姆斯（Robert Williams）在自家门前被逮捕之后被带到警察局。在警察局里，他因为莫须有的罪名而被关押了一整夜。事实上，他完全是由于警方使用带有偏见性的面部识别系统错误匹配而被错误逮捕。当时，像这样的面部识别系统在美国警察系统已经使用了 20 多年。这些系统在被用于针对特定社区进行监视以及针对潜在犯罪分子进行识别的同时，一次次暴露出其对带有偏见的种族刻板印象的强化。当警方把一张已经识别的黑人罪犯模糊照片（很明显不是威廉姆斯）拿给他看时，威廉姆斯的第一反应是说"我希望你们不要认为所有黑人都长得一样"（Hill，2020 - 8 - 3；Williams，2020 - 6 - 24）。

纵观人类历史长河，我们为理解、组织与控制生活以及社会而创造出来的数据系统总是不可避免地强化了权力机制，往往对这些系统所描述或代表的人类生活造成破坏性后果。然而，它们的形式也在不断发生改变。如今的数据化转向就是这样一种改变：所有的事物都被轻而易举地转变为数据形式，成为社会生活中潜在的额外组成部分。在本书中，我认为我们需要对其进行特别深刻的反思，加深认识。很显然，1940 年亨利·伯格森与 2020 年罗伯特·威廉姆斯所

遇到的数据系统都清楚地表征并强化了社会当中的伦理偏见，并对
涉及其中个体构成了严重的伦理影响。尽管如此，二者之间还是存
在一些细微差别。例如，尽管伯格森无法选择系统，但他可以选择数
据的呈现方式；诚然，对于庞大的纳粹系统而言，这是一种微不足道
的个人反抗，但它显示出伯格森对于权力数据系统的坚决反对态度。
相反，威廉姆斯的数据是由系统提供生成的。事实上，他甚至不知道
自己已经被记录在数据系统当中，而这个系统现在正被警方用来对
他施以误判。

同样，尽管我们如今没有遭遇来自数据库或主导性权力制度的
直接挑战，但实际上我们早已淹没在权力的社会技术系统当中。这
正是为什么我们需要在本书当中提到权力的数据伦理学——推动权
力可视化并且创造人类的关键文化时刻，从而保障社会当中的数据
伦理协商空间。

在本章之中，我将对全书的主要论题进行回顾。在此之前，我将
首先说明撰写本书的一个核心缘由。当然，这与权力问题相关，但更
重要的是，这与我们对于数据伦理学的概念化与应用方式紧密相关。
正如我在书中多次指出的那样，数据伦理不仅关乎权力，它本身就是
权力。政府、公司、专家、顾问，甚至是学界都有权指出问题及其解决
方案，同时为数据技术在我们人类生活与社会当中应当扮演的角色
设定优先次序。通常情况之下，这不仅仅代表着数据权力的经验，更
是代表了那些拥有强大权力（表现为拥有更多资源和政治、公共话语
权）的个体声音，并以牺牲他者的发言权为代价。这也是为什么作为
一个研究领域、一种方法、一种概念的数据伦理学陷入危机：它由于
诸多原因备受指责（通常是理所当然的），但最主要的是因为它为公
司与政府不可告人的数据实践披上了一层甜蜜的外衣，同时也是因
为它是技术实践和治理当中的一种"伦理清洗"形式。换言之，我们
可以说数据伦理学人尽皆知。然而，正如我在这本书当中试图说明
的那样，没有人能真正说它是属于自己。这也是为什么这个概念容

易被各种利益集团裹挟。换言之，正是因为数据伦理学本身的不可归属性以及它对现成概念的抵制使其可以为任何人代言。

在此我想问：为什么数据伦理会被公司与政府裹挟呢？如果我们决意把数据伦理放开会发生什么呢？如果我们决意将这一术语作为某人或某物解决某一特定问题的道德责任予以铲除，又会发生什么呢？在某种意义上，数据伦理将真正地成为一种方法与实践，让人类能够审慎地挑战嵌入数据技术中的权力、其既定优先事项与相关限制，并在我们所处的大数据现实条件之中找到不同的问题以及全新的解决方案。这样一来，权力就不再只是某些人的特权，而是我们每个人都可以触及的对象。现在，让我们通过对本书三个主要部分的回顾，同时讨论接下来可能发生的改变，一起来探索这种权力数据伦理的条件、应用与形式。

（1）权力与大数据。

本书第一部分对权力与大数据之间的关系进行了探究（第 1 章和第 2 章）。其中，我对基于大数据技术的社会技术基础设施，也就是我所说的大数据社会技术基础设施（BDSTIs），进行了描述。在 21 世纪 10 年代，BDSTIs 日渐成为描绘并构成全球社会与环境的通用背景。在这一背景之下，社会实践、社会网络、身份建构以及经济、文化与政治活动得以开展。这些基础设施在一定程度上完成制度化转型，具体体现在 IT 实践的系统要求标准与数据保护的监管框架当中；它们承载着政治与人类对于大数据机遇与挑战的诸多憧憬；同时也面临着各种协商与竞争。

我将大数据社会的 BDSTIs 视为人类能动性与经验性的一种特殊类型权力架构。作为重要的全球网络，它们使得数据收集与获取能够跨越地理疆域以及司法辖域；同时，它们也是一种重要的趋势，在此基础上主导性社会功能日益变得体系化（Castells，2010）。因此，对 BDSTIs 的基础设施组件的设计与塑造也是权力的一种基本形式。

权力的数据伦理学主要关注这些以技术为媒介的时空结构的新型权力条件及其伦理影响。例如，BDSTIs 的权力空间组织是由占据主导地位的新型"管理精英"创造而成，并为其所用（Castells，2010）。因此，传统意义上独断专行的国家监控权被商业主体的权力进一步增强，他们将 BDSTIs 设计用于大数据的收集、跟踪与获取（Hayes，2012；Pasquale，2015；Powles，2015-2018；Zuboff，2014 - 9 - 9，2016 - 3 - 5，2019）。其结果就是，国家与商业主体的监控权都被嵌入 BDSTIs 之中，成为其架构与设计的关键属性（Haggerty and Ericson，2000；Lyon，2001，2010，2014，2018；Hayes，2012；Bauman and Lyon，2013；Galic et al.，2017；Clarke，2018）。

在本书第一部分当中，我还把社会技术基础设施（如 BDSTIs）看作是各种利益进行不断协商的社会空间（Lefebvre，1974/1992；Harvey，1990）。相应地，伴随着基础设施实践而来的就是不同政治与文化利益的表达。在欧洲，"欧洲基础设施"通常被赋予了对于欧盟项目的美好想象与基本利益，其致力于为相互合作的成员国之间的高效运作创造条件。换言之，工程与设计标准、建设、投资与监管等基础设施实践被定义为一种战略尝试，旨在构建一个能够实现欧洲经济与社会联盟和社区的空间。同时，这种政治愿景还体现在欧洲数字一体化市场的理念当中，并在 21 世纪 10 年代转化为构建欧洲 BDSTIs 的宏伟蓝图。欧洲 BDSTIs 在这里首先被定义为全球竞争性数字市场上的差异化因素。在 21 世纪 10 年代末期，欧洲提出的"第三条道路"（特别强调发展具有人工智能属性的欧洲 BDSTIs，即我所说的 AISTIs）当中，获得全球大数据经济中有利竞争地位的愿景与维护欧洲人基本权利的愿景同时得以保全。

这样一来，全球 BDSTIs 的大型科技商业精英的权力在欧洲日益受到具体基础设施实践的挑战，具体包括：支持欧洲从业者与用户能力发展的投资与政策、科学与研究、技术数据基础设施与数据整合，以及为确保欧洲 BDSTIs 与 AISTIs 发展的法律框架设计与实施。

当我们探讨 21 世纪之初嵌入 BDSTIs 与 AISTIs 发展之中的各种基础设施实践之时，我们注意到了欧洲文化空间当中概念化的 BDSTIs 与 AISTIs 同期实际形式（通常被定义为"陌生"空间）之间的冲突与协商时刻。在本书的第一部分，我认为权力的数据伦理学在类似这样的关键时刻可以发挥重要作用，因为它们促成了文化妥协或是全球社会技术系统变革与发展所需的技术动量（Hughes，1983，1987）。同样，它们对于创新发展阶段也至关重要，因为它们构成了社会技术系统的转型，而这种转型恰恰产生于寻求解决系统关键问题的过程当中。因此，数据伦理也可以在机构、公司、政府与政府间组织中找到蛛丝马迹，这些组织或遵循自然状态，或制定倡议和实践（即"谈判空间"），从而致力于塑造合乎法律的价值与伦理反思。

（2）权力与人工智能。

在本书第二部分关于权力与人工智能（第 3 章和第 4 章）的讨论当中，我探究了具有人工智能能力的 BDSTIs（即 AISTIs）的历史脉络及其特殊权力特征。人工智能已经不再基于人类专家知识编码（主要应用于规则性人类物理环境）的专家型系统，当下已然发展成为日益具有自主决策能动性并能基于数字环境当中的大数据而自动学习与进化的系统。

此外，我还探究了人工智能的伦理影响（以及人工智能技术在 21 世纪 10 年代末期演变成为 AISTIs 的伦理影响）以及应对这些特定影响的伦理学范式。我主要针对人类的分布式伦理能动性与人工智能的道德能动性之间的关系展开研究，这种综观视角正在日渐深刻地塑造着我们的伦理经验。这里，我认为人工智能应用伦理研究领域当中的一个重要主题就是：在人工智能系统的设计、采用与社会整合过程之中不同程度的人类干预。同样，这些关切还体现在关于人工智能对人类以及人类可控威胁的伦理之忧，抑或是自主人工智能超越人类缺陷的潜力之忧。然而，我并没有选择两者之中的任何一种极端路径展开讨论。相反，我选择了一条中庸之道——承认人工智能的道德能动者地位并不等于我们必须承认其伦理责任能动者地位。换言之，我们的关注点不应该是机器是否应当或者是否可以具备人类水平的伦理能动性与责任性，而是需要关注我们如何确保人类能够继续以实然的责任感来有效干预人工智能的所作所为。例如，我们可以考虑通过非常具体的方式为人工智能与机器人创造全新的标准与法律，以便确保 AISTIs 当中人类的干预与赋权（Pasquale，2015，2018，2020）。同时，我还建议我们应该将赋予人工智能意义的文化系统视为一种不可控制的自主性道德能动者，或者将其看作是人类干预发挥重要作用的人类数据设计。

基于此，我认为权力的数据伦理学的核心伦理焦点是将 AISTIs 与 BDSTIs 视为具有某种社会分层的文化规范系统，其中社会主导主体的利益占绝对优势。借此，我特别探讨了塑造 AISTIs 的开发者、科学家、立法者与使用者的实践文化系统。这里，通过参照塑造 21 世纪 10 年代末期人工智能技术动量的意义制造文化系统，我仔细研究了作为不同数据文化表达方式的人工智能数据当中所包含的利益。其中，权力的数据伦理学关注的是技术变革，它被看作是不同技术文化利益之间进行权力谈判、相互妥协，抑或是一个文化系统对另一个文化系统进行支配的场域。基于休斯对技术动量的描述（1983，1987），我建议采用一种俯瞰式分析视角，将利益视为一组复杂的因素集合，它可以跨越不同的利益相关团体社区，并且汇集在共享文化知识框架与世界观之中。基于一系列的研究讨论，我认为 AISTIs 的伦理焦点主要体现在人类的批判性协商与伦理能动性（"关键文化时刻"）是否能被固化在人工智能道德能动性之中。

（3）人类权力与数据伦理。

在本书的前两个主要部分，我将权力的数据伦理学描述为批判性伦理参与，涉及 BDSTIs 与 AISTIs 等不同社会技术数据文化的权力与利益之间的博弈、冲突以及伦理妥协。BDSTIs 与 AISTIs 构成了两种权力形式，在人类现实与社会的不同维度"发挥作用"。

BDSTIs 主要通过将所有事物转化为固定化数字数据在空间之中发挥作用；而 AISTIs 还涵盖时间，它基于这些数字数据，在未来的影像当中积极塑造过去和现在。因此，我们认为，权力的数据伦理学的核心在于将这些 AISTIs 与 BDSTIs 看作是一种具有社会分层的文化系统。在该系统之中，社会当中的主导主体利益被空间化与固定化，因此对其进行批评与重新协商将会变得愈发困难。

在本书的最后部分（第 5 章），我们研究了人类权力与伦理能动性的特殊性。这些对于任何（非）工程化社会技术变革的伦理治理行为都意义非凡，同样它们也是权力的数据伦理学的核心所在。从本质上看，权力的数据伦理学关注的是人类作为伦理存在的角色，人类不仅对于自身的生存，而且对于一般的生命存在都要负有相应的伦理责任。我们需要将这种"人本方法"作为 AISTIs 与 BDSTIs 治理的指导性思想。换言之，我们需要一种优先考虑人类环境、人类伦理能动性与责任的方法。正如书中最后一部分所示，我将人本方法这一概念主要用于强调人类判断、治理与关键情境经验，而非关注技术人工制品的道德能动性，因为后者只能表征、再现并强化那些没有经验性与批判能动性的生物。我们可以用人工智能伦理领域的一个非常简单的例子来说明这一点：人工智能能动者并不会主动改善自身偏见，因为它只能像一个"完整性"系统一样运作；人类可能看不到或者并不关注它本身的偏见，但人类具备足够的潜质能够看到这些偏见，关注这些偏见，并在关键文化时刻有所应对。

总之，人类权力需要在特定的时空条件之下才能发挥作用，尤其是在 21 世纪之初，人类的伦理能动性始终处在与 BDSTIs 和 AISTIs 道德能动性的协商之中。后者不仅将权力机制具体化，而且从根本上挑战着人类伦理能动性与这些权力之间的协商与对抗。换言之，人类的批判伦理能动性与 BDSTIs 与 AISTIs 的社会技术权力结构并没有相似性与一致性，自然也难以在其权力结构夹缝当中发挥关键作用。这就是为什么我们迫切需要采取行动以保障人类关键文化时刻,并为构建关键协商空间创造条件。我们需要积极建立替代性社会技术数据基础设施与系统,使之以不同方式与人类能动性、权力与伦理进行互动。我们需要在设计治理之中应用数据伦理学,旨在确保人类生活、经验与批判能动性参与社会技术数据系统的数据设计、治理、使用以及实施。

下一步是什么?

在本书的研究过程当中,我偶然发现了作为"自动武器"的"伦理调节器"的机械设计简图。这是一个技术组件,主要被用于处理塑造人工智能"战士"能动性的数据流;这是一种内置于能动者数据设计之中的机械数据控制组件,功能在于确保其行为符合一套规定的伦理要求(Arkin et al.,2009)。这一"伦理调节器"将通过处理能动者行动领域的数据来得以运作,并在此基础上允许或禁止某项行动。例如,有关于人类、重要建筑与文化遗址的数据,能动者的数据设计会将其转化为禁止致命打击行动的数据流。另外,有关威胁的数据(其中可能包含关于人类的数据)以及一些数据威胁场景,通过与"伦理调节器"伦理边界的其他数据相互结合,也可以转化为允许致命打击行动的数据流。这代表了数百年来军事法律与复杂性伦理边界的产物被转化为数据设计的过程。

针对生死、文化、炸弹与致命打击行动做出应对性伦理决策极其复杂,但将其转化为数据过程的伦理决策似乎易如反掌。我认为,当今时代人类复杂性降低是 BDSTIs 与 AISTIs 研发应用的关键动机之一,二者使得我们的生活、社会与文化更易处理;使得我们作为个人在家庭、工作、学校、社会、医院、选举、福利系统、司法系统中以及在战争或流行病等危机时期必须做出的那些艰难的伦理决策不那么棘手。哲学家亨利·伯格森于 1940 年在巴黎的一个警察局登记自己犹太人身份之时所面对的就是这样一个系统——他在本书当中发挥了至关重要的作用。罗伯特·威廉姆斯这个普通人同样也是如此。在那一瞬间，他整个人的复杂性就被压缩为几个相关的数据点，并被淹没在当代数字数据权力的复杂系统之中。由于面部识别系统将他与罪犯的脸部错误匹配，导致他甚至遭到警察逮捕与拘禁。

我们每天都要艰难地做出各种各样具有伦理影响的人类决策，而且不止一次地自我意识到或被他人告知：我们做得不好或是存在伦理问题。然而，人类有意识的自我批评是数据过程所不具备的〔正如路易丝·阿穆尔（2020）所说，算法并不会进行自我怀疑〕，这也是我们需要自己不断做出这些决策的根本原因。思考一下你能想象得到的最危急情况之下的伦理评判，比如在战争期间投掷一枚炸弹，然后将它转换为一个没有批判能动性的数据过程。这简直可怕！然而，实际上正是由于这种减少伦理决策的复杂程度与解决人类困境的美好憧憬促成了如今我们对于 BDSTIs 与 AISTIs 的研发应用。

实际上，如果我们不停下来重新调整目前 BDSTIs 与 AISTIs 的发展方向，我最为担忧的这种人类批判能动性丧失将成为我们的社会技术现实。然而，我们似乎并没有意识到这一点，因为将人类排除在外并不意味着将道德能动性也置之不顾〔确切来说，制定决策（即便是道德决策）总是可以通过针对数据过程进行设计来得以实现〕。然而，正如我在本书当中试图说明的那样，在这一过程之中，我们将针对自身民主社会及其体制至关重要的人类批判伦理能动性丢掉了。人类的批判能动性似乎不再是我们社会技术空间架构的组成部分，也从我们的社会想象、规范与文化当中逐渐消失殆尽。

现在，我们面临着一系列核心任务，以此引导我们所需要的变革。总体而言，这些任务将会全部致力于发展并巩固一个高度复杂的社会技术系统，其将由诸多文化、经济与社会因素共同塑造。我只能在这里提到其中的几个任务。

在建立并采用 AISTIs 与 BDSTIs 之时，我们首先需要的是一种想象力，想象一种不同的技术文化或人类权力的"数据文化"。我们必须针对完美社会、高效社会甚至是公平社会的不切实际的愿望提出挑战,这些都可以在设计文化当中得以实现。要知道,人类、生物与社会本质上具有无序性与难测性。它们从来都不完美,同时往往有违公平,因此绝对值得我们赋予一定伦理关注与批判。然而,大数据系统或人工智能并不能改变这一现状。唯有人类才能通过保障创造人类批判能动性所需的条件与权力结构做出真正的变革。然而,我们所能做的仅仅是将 BDSTIs 与 AISTIs 想象成为潜在的顺手工具,可以为人类的关键伦理决策提供证据支持。例如,可以加强科学分析的装置,或是的确可以帮助我们提高效率的仪器。

我们需要那些能够增强个人批判能动性的社会技术基础设施的技术组件。当然,毫无疑问,我们必须确保真正意义的人类干预牵涉其中,这一点我们可以通过在 BDSTIs 与 AISTIs 社会技术结构当中为人类自身经验与能动性创造空间来实现。首先,要做的就是开发一个默认尊重人们隐私并且赋予个人权力的数据基础设施,欧洲在 21 世纪 20 年代初似乎已经着手这一方面的工作并开始大手笔投资。如今,数据基础设施的此类技术组件有很多名称(如数据信托、个人数据管理系统、个人数据存储等)与多种形式。就其基本功能、互操作性以及法律框架而言,还有很多东西有待探索。在这里,我们还需要刻意嵌入真正的“人工控制”组件,同时需要能够解释关键功能与标准的数据系统。

此外,我们需要对大数据与人工智能系统足够了解的专家,以便能在使用、获取、构建大数据与人工智能系统并为其制定法律时,以有意义的方式与之沟通互动。我们需要对儿童、教育工作者、学生与政策制定者开展社会技术数据扫盲教育,普及相关知识。

显然,我们无法绕过规范性法律框架。我们需要审查并更新这些框架,以确保在 BDSTIs 与 AISTIs 研发应用当中依法实施有意义的人类控制,并且捍卫人类的专业知识(Pasquale,2020)。

同时,我们还需要更多批判性数据研究,以识别出特定数据设计、实践与数据政治的文化与权力机制之中的数据利益。本书当中的许多例子来自这些领域之内出色的调查研究。然而，大部分研究都是在西方背景下进行的，这不仅使得这些特定文化领域中的权力机制变得清晰可见，同样也对其中 BDSTIs 与 AISTIs 的伦理问题与困境构成了挑战。

至关重要的是，权力的数据伦理学并不只有一种声音，当然也不可能是唯一有分量的声音。通过大数据社会技术系统进行的权力分配、主导与优势问题是权力的数据伦理学的核心组成部分，但数据监控与权力经验并不同质。在全球大数据权力结构当中处于最不利地位的人类、社区与文化的基本经验需要更强有力的发声。事实上，本书的局限性还在于我的西方（欧洲）视角以及我是站在全球社会环境当中优越性的社会经济地位展开分析的。在我们这个时代不断发展壮大的大数据社会技术系统之中，全球社会环境以迥然各异的节奏不断发展，并处于独具特色的优劣势态当中。这就是我们迫切需要更多基于不同文化、社会、经济的经验性权力的数据伦理学研究的原因。

最后，加入人类"伦理调节器"会产生怎样的效果呢？如果我们在人工智能与大数据社会技术发展的治理当中设计出独立的（我指的是真正意义上的独立，不仅在经济与利益方面，而且在其意义制造、想象与叙事的文化概念框架方面）、多种专业知识（而非多利益相关方）的伦理委员会和机构，会怎么样呢？他们将批判性地评估伦理困境与价值冲突，在本书中探讨的三个时间尺度与抽象分析水平（微观、中观和宏观）之上工作：在组织与企业内部，在独立审计师这一外围层面，以及在与政策制定者进行政策法律谈判层面。就这些机构独立治理的权力结构而言，各个国家在这方面都牵涉极大的利益，因而它们难以达成一致。当然，行业本身也从未要求或打算让它们接管这一职能。因此，为什么现在不给民间社会组织（具体而言，就是那些已经证明具备长期独立性并能致力于人类利益的民间社会团体

和非政府组织)一个机会呢？我们有理由为这些民间社会团体(爱与
人类能动性的代表)提供一个超越"活动家"角色的真正治理主体的
身份：给它们提供资源,让它们参与竞争并推动其实现专业化,从而
帮助其成长为大数据时代的"伦理调节器",最终实现结构性改变。

参考文献

Acker, A., Clement, T. (2019) Data Cultures, Culture as Data-Special Issue of Cultural Analytics. Journal of Cultural Analytics. https://doi.org/10.22148/16.035.

Adam, A. (2008) Ethics for Things. Ethics and Information Technology, 10 (2 - 3), 149 - 150. https://doi.org/10.1007/s10676 - 008 - 9169 - 3.

Advocates for Accessibility (3 May 2020) Free Basics and Digital Colonialism in Africa, Global Digital Divide. https://www.globaldigitaldivide.com/free-basics/.

Agger, B. (1992) Cultural Studies as Critical Theory. Falmer.

Aguerre, C. (2016) Agenda Building and the Internet: The Case of Intermediaries. Universidad de San Andrés. http://bibliotecadigital.tse.jus.br/xmlui/handle/bdtse/3263.

AI Task Force and Agency for Digital Italy (2018) Artificial Intelligence at the service of the citizen. https://libro-bianco-ia.readthedocs.io/en/latest/.

Albury, K., Burgess, J., Light, B., Race, K., Wilken, R. (2017) Data cultures of mobile dating and hook-up apps: Emerging issues for critical social science research. Big Data and Society. https://doi.org/10.1177/2053951717720950.

Algorithm Watch (2020) Automating Society Report 2020. Fabio C., Fischer, S., Kayser-Bril, N., Spielkamp, M. (eds.) AlgorithmWatch gGmbH.

Allam, Z., Dhunny, Z.A. (2019) On Big Data, Artificial Intelligence and Smart Cities. Cities, 89 (June 2019), pp.80 - 91. https://doi.org/10.1016/j.cities.2019.01.032.

Allen, C., Smit, I., Wallach, W. (2005) Artificial Morality: Top-down, Bottom-up, and Hybrid Approaches. Ethics and Information Technology, 7

(3)（September 2005），149 - 155. https://doi.org/10.1007/s10676 - 006 - 0004 - 4.

Alpaydin，E.（2016）Machine Learning. MIT Press.

Altman，A.（1983）Pragmatism and Applied Ethics. American Philosophical Quarterly，20(2)（April 1983），227 - 235.

Amoore，L.（2011）Data Derivatives on the Emergence of a Security Risk Calculus for Our Times. Theory，Culture and Society，28(6)，24 - 43. https://doi.org/10.1177/ 0263276411417430.

Amoore，L.（2020）Cloud Ethics Algorithms and the Attributes of Ourselves and Others. Duke University Press.

Anderson，M.，Anderson，S. L.（eds.）（2011）Machine Ethics. Cambridge University Press.

Anderson，S.L.（2011）How Machines Might Help Us Achieve Breakthroughs in Ethical Theory and Inspire Us to Behave Better. In M. Anderson and S.L. Anderson（eds.），Machine Ethics（pp.524 - 530）. Cambridge University Press.

Angwin，J.，Larson，J.，Mattu，S.，Kirchner，L.（23 May 2016）Machine Bias. Propublica. https://www. propublica. org/article/machine-bias-risk-assessments-in-criminal-sentencing.

Arkin，R.C.，Ulam，P.，Duncan，B.（2009）An Ethical Governor for Constraining Lethal Action in an Autonomous System. Georgia Institute of Technology Atlanta Mobile Robot Lab，Technical Report GIT-GVU - 09 - 02.

Armstrong，H.L.，Forde，P.J.（2003）Internet anonymity practices in computer crime. Information Management and Computer Security 11(5)，209 - 215. doi: http://dx. doi.org/10.1108/09685220310500117.

Åsberg，C.，Lykke，N.（2010）Feminist Technoscience Studies. European Journal of Women's Studies，17(4)（November 2010），299 - 305. https:// doi.org/10.1177/1350506810377692.

Augusto，C.，Morán，J.，De La Riva，C.，Tuya，J.（2019）Test-Driven Anonymization for Artificial Intelligence. 2019 IEEE International Conference on Artificial Intelligence Testing（AITest），Newark，CA，USA，2019，103 - 110.

Awad，E.，Dsouza，S.，Kim，R.，Schulz，J.，Henrich，J.，Shariff，A.，Bonnefon，J-F.，Rahwan，I.（2018）The Moral Machine Experiment.

Nature，563，no. 7729（November），59 – 64. https：//doi. org/10. 1038/ s41586 – 018 – 0637 – 6.

Baudrillard，J.（1990）Cool Memories：1980 – 1985. Verso.

Bauman，Z.（1995）Life in Fragments：Essays in Postmodern Morality. Blackwell.

Bauman，Z.（2000）Liquid Modernity. Polity.

Bauman，Z. and Haugaard，M.（2008）Liquid modernity and power：A dialogue with Zygmunt Bauman. Journal of Power. https：//doi. org/10. 1080/ 17540290802227536.

Bauman，Z.，Lyon，D.（2013）Liquid Surveillance：A Conversation. Polity Press.

Barlow，J.P.（8 February 1996）A Declaration of Independence of Cyberspace. https：// www.eff. org/cyberspace-independence.

Barthes，R.（1972）Mythologies. Selected and translated by A. Lavers. The Noonday Press.（Originally Published in French，1957）.

Barthes，R.（2000）Myth Today. In S. Sontag，A Roland Barthes Reader（pp.93 – 149）Vintage.（Originally published 1982）.

Bartoletti，I.（2020）An Artifical Revolution on Power，Politics and AI. The Indigo Press.

Beal I（i. e. Beall），A.（30 May 2018）In China，Alibaba's data-hungry AI is controlling（and watching）cities. Wired. https：//www. wired. co. uk/article/ alibaba-city-brain-artificial-intelligence-china-kuala-lumpur.

Beck，U.（1993）Risk Society. Towards a New Modernity. London：SAGE Publications.

Beck，U.（2014）Incalculable Futures：World Risk Society and Its Social and Political Implications. In：U. Beck（ed.）Springer Briefs on Pioneers in Science and Practice，vol. 18. Springer，Cham.

Belli，L.，Zingales，N.（2017）Platform Regulations. How Platforms are Regulated and How they Regulate us. FGV Direito Rio.

Ben-Shahar，O.（2019）Data Pollution. Journal of Legal Analysis，11，104 – 159. https：// doi. org/10.1093/jla/laz005.

Bentham，J.（1787）Panoptikon：or，the Inspection-House. Thomas Byrne.

Bergson，H.（1977）Two Sources of Morality and Religion. Translated by A. Audra and C. Brereton. University of Notre Dame Press.（Originally published in French，1932）.

Bergson, H. (1991) Matter and Memory. Translated by N.M. Paul and W.S Palmer. Zone Books, Urzone. (Originally published in French, 1896).

Bergson, H. (1999) An Introduction to Metaphysics. Translation T.E. Hulme. Hachett Publishing Company. (Originally published in French, 1903).

Bergson, H. (2001) Creative evolution. The Electronic Book Company Ltd. ProQuest Ebook Central. (Originally published in French, 1907).

Bergson, H. (2004) Time and Free Will: An Essay on the Immediate Data of Consciousness. Taylor and Francis Group. ProQuest Ebook Central. (Originally published in French, 1889).

Bigiotti A., Navarra, A. (2019) Optimizing Automated Trading Systems. In T. Antipova, A. Rocha, (eds.) Digital Science. DSIC18 2018. Advances in Intelligent Systems and Computing, vol. 850. Springer, Cham. https://doi. org/10.1007/978-3-030-02351-5_30.

Bijker, W.E. (1987) The Social Construction of Bakelite: Toward a Theory of Invention. In W.E., Bijker, T.P., Hughes, T. Pinch (eds.) The social construction of technological systems. MIT Press.

Bijker, W.E., Hughes, T.P., Pinch, T. (eds.) (1987) The social construction of technological systems. MIT Press.

Bijker, W.E., Law, J. (eds.) (1992) Shaping technology/building society: Studies in sociotechnical change. MIT Press.

Bolukbasi, T., Chang, K-W., Zou, J.Y., Saligrama, V., Kalai, A.T. (2016) Man Is to Computer Programmer as Woman Is to Homemaker? Debiasing Word Embeddings, 30th Conference on Neural Information Processing Systems (NIPS 2016), Barcelona, Spain.

Bonneau, V., Probst, L., Lefebvre, V. (2018) The Rise of Virtual Personal Assistants. Digital Transformation Monitor, European Commission.

Bowker, G.C. (2000) Bio Diversity Data Diversity. Social Studies of Science, 30 (5) (October 2000), 643-683.

Bowker, G.C. (2005) Memory Practices in the Sciences. The MIT Press.

Bowker, G.C. (2014) The Theory/Data Thing. International Journal of Communication, 8 (2043), 1795-1799.

Bowker, G.C., Baker, K., Millerand F., Ribes D. (2010) Toward Information Infrastructure Studies: Ways of Knowing in a Networked Environment. In J. Hunsinger, L. Klastrup, M.M. Allen, M. Matthew (eds.), International

Handbook of Internet Research. Springer Netherlands.

Bowker, G. C., Star, S. L. (2000) Sorting Things out: Classification and Its Consequences. Inside Technology. Cambridge. MIT Press.

Brey, P. (2000) Disclosive computer ethics. Computer and Society, 30(4), 10 - 16. https://doi.org/10.1145/572260.572264.

Brey, P. (2010) Values in technology and disclosive ethics. In L. Floridi (ed.) The Cambridge Handbook of Information and Computer Ethics (pp.41 - 58). Cambridge University Press.

Brighenti, A.M. (2010) New media and networked visibilities. In A.M. Brighenti (ed.), Visibility in social theory and social research (pp.91 - 108). Palgrave Macmillan. https://doi.org/10.1057/9780230282056_4.

Bødker, C. (1 September 2014) En ny historie om min krop. Friktion. https://friktionmagasin.dk/en-ny-historie-om-min-krop - 979a9b1fefc2.

Brøgger, K. (2018) The performative power of (non)human agency assemblages of soft governance. International Journal of Qualitative Studies in Education 31(5), 353 - 366.

Bygrave, L. A., Bing, J. (2009) Internet Governance Infrastructure and Institutions. Oxford University Press.

Brooker, K. (17 September 2019) Google's quantum bet on the future of AI — and what it means for humanity. FastCompany. https://www.fastcompany.com/90396213/google-quantum-supremacy-future-ai-humanity.

Brousseau, E., Marzouki, M. (2012) Internet governance: Old issues, new framings, uncertain implications. In E. Brousseau, M. Marzouki, and C. Méadel (eds.), Governance, Regulation and Powers on the Internet (pp.368 - 397). Cambridge University Press. https://doi.org/10.1017/CBO9781139004145.023.

Browne, S. (2015) Dark Matters: On the Surveillance of Blackness. Duke University Press.

Bruhn Jensen, K. (2021) A Theory of Communication and Justice. Routledge.

Bryson, J.J. (2018) Patience is not a virtue: the design of intelligent systems and systems of ethics. Ethics and Information Technology 20, 15 - 26 (2018). https://doi.org/10.1007/s10676 - 018 - 9448 - 6.

Bynum, T. (2010) The historical roots of information and computer ethics. In F. Floridi (ed.) Information and Computer Ethics. Cambridge University Press.

Cadwalladr, C. (7 May 2017) The Great British Brexit robbery: how our democracy was hijacked. The Guardian. https://www. theguardian. com/technology/2017/may/07/the-great-british-brexit-robbery-hijacked-democracy.

Callon, M., Latour, B. (1992) Don't Throw the Baby Out with the Bath School! A Reply to Collins and Yearley. In A. Pickering (ed.) Science as Practice and Culture (pp.343 – 348). Chicago University Press.

Castells, M. (2010) The Rise of the Network Society (Second edition). Wiley Blackwell.

Cavoukian, A. (2009) Privacy by design. The 7 foundational principles. Information and Privacy Commissioner.

Cellan-Jones, R. (2 December 2014) Stephen Hawking warns artificial intelligence could end mankind. BBC. https://www. bbc. com/news/technology – 30290540.

CEPEJ (2018) European Ethical Charter on the Use of Artificial Intelligence in Judicial Systems and their environment. European Commission for the Efficiency of Justice. https://rm. coe. int/ethical-charter-en-for-publication – 4 – december – 2018/16808f699c.

Chen, A. (23 October 2014) The Laborers Who Keep Dick Pics and Beheadings Out of Your Facebook Feed. Wired. https://www. wired. com/2014/10/content-moderation/.

Christl, W., Spiekerman, S. (2016) Networks of Control A Report on Corporate Surveillance, Digital Tracking, Big Data and Privacy. Facultas Verlags und Buchhandels AGfacultas Universitätsverlag.

Chung, H., Iorga, M., Voas, J., Lee, S. (2017) "Alexa, Can I Trust You?" Computer, 50(9), 100 – 104. 10.1109/MC.2017.3571053.

Ciccarelli, R. (2021), Labour Power Virtual and Actual in Digital Production, Translation by Emma Catherine Gainsforth, Springer Nature.

Clarke, R. (2018) Information Technology and Dataveillance. In T. Monahan, D. M. Wood, Surveillance Studies: A Reader pp.243 – 248. Oxford University Press.

Coeckelbergh, M. (2020) AI Ethics. The MIT Press.

Cohen, J.E. (2012) Configuring the Networked Self: Law, Code, and the Play of Everyday Practice. Yale University Press.

Cohen, J.E. (2013) What privacy is for. Harvard Law Review, 126(7).

Collins, H.M. (1987) Expert Systems and the Science of Knowledge. In W.E. Bijker, T.P. Hughes, T. Pinch (eds.) The social construction of technological systems (pp.329 – 348). MIT Press.

Collins, H. M., Yearley, S. (1992) Epistemological Chicken. In Andrew Pickering (ed.) Science as Practice and Culture. University of Chicago Press.

Craglia M. (ed.), de Nigris S., Gómez-González, E., Gómez E., Martens B., Iglesias M., Vespe M., Schade S., Micheli M., Kotsev A., Mitton I., Vesnic-Alujevic L., Pignatelli F., Hradec J., Nativi S., Sanchez I., Hamon R., Junklewitz H. (2020) Artificial Intelligence and Digital Transformation: Early Lessons from the COVID 19 Crisis. European Commission. Joint Research Centre. LU: Publications Office. https://data.europa.eu/doi/10.2760/166278.

Crevier, D. (1993) AI: The Tumultuous History of the Search for Artificial Intelligence. Basic Books.

Curle, C. T. (2007) Humanité: John Humphrey's Alternative Account of Human Rights. University of Toronto Press.

Danish Business Authority (March 12 2018) The Danish government appoints new expert group on data ethics [Press release]. https://eng.em.dk/news/2018/marts/the-danish-government-appoints-new-expert-group-on-data-ethics.

De Hert, P., Gutwirth, S. (2006) Privacy, data protection and law enforcement. Opacity of the individual and transparency of power, in E. Claes, A. Duff and S. Gutwirth (eds.), Privacy and the criminal law, Intersentia, 61 – 104.

de Wachter, M.A.M. (1997). The European Convention on Bioethics. Hastings Center Report, 27(1), 13 – 23. https://onlinelibrary.wiley.com/doi/full/10.1002/j.1552 – 146X. 1997.tb00015.

Delcker, J., Smith-Meyer, B. (16 January 2020) EU considers temporary ban on facial recognition in public spaces. Politico. https://www.politico.eu/article/eu-considers-temporary-ban-on-facial-recognition-in-public-spaces/.

Delacroix, S., Lawrence, N.D. (2019) Bottom-up Data Trusts: Disturbing the "One Size Fits All" Approach to Data Governance. International Data Privacy Law, 9(4) (November), 236 – 252. https://doi.org/10.1093/idpl/ipz014.

Deleuze, G. (1986) Conversation with Didier Eribon. Le Nouvel Observateur, 23 August 1986. https://onscenes.weebly.com/art/life-as-a-work-of-art.

Deleuze, G. (1991) Bergsonism. Translated by H. Tomlinson, B. Habberjam. Urzone, Zone Books. (Originally published in French, 1966).

Deleuze, G. (1992) Postscript on the societies of control. October, 59, 3 - 7.

Deleuze, G., Guattari, F. (2004) A Thousand Plateaus: Capitalism and Schizophrenia. Continuum (Originally Published in French, 1980).

DeNardis, L. (2012) Hidden Levers of Internet Control. Information, Communication and Society, 15(5), 720 - 738. https://doi.org/10.1080/1369118X.2012.659199.

D'Ignazio, C., Klein, L.F. (2020) Data Feminism. The MIT Press.

Dietrich, E. (2011) Homo Sapiens 2.0: Building the Better Robots of Our Nature. In M., Anderson, S.L. Anderson (eds.) Machine Ethics (pp.531 - 537). Cambridge University Press.

Dignum, V., Lopez-Sanchez, M., Micalizio, R., Pavón, J., Slavkovik, M., Smakman, M., van Steenbergen, M. et al. (2018) Ethics by Design: Necessity or Curse? In Proceedings of the 2018 AAAI/ACM Conference on AI, Ethics, and Society-AIES '18, 60 - 66. ACM Press. https://doi.org/10.1145/3278721.3278745.

Donath, J.S. (1999) Identity and Deception in the Virtual Community. In P. Kollock, M. Smith (eds) Communities in Cyberspace. Routledge.

Dunn, E.C. (2009) Standards without Infrastructure. In S.L. Star, M. Lampland (eds.) Standards and their Stories. Cornell University Press.

Eadicicco, L. (15 April 2016) Meet the Google Exec Trying to Save the Planet. Time. https://time.com/4295351/rebecca-moore-google-earth-outreach/.

Edwards, P. (2002) Infrastructure and modernity: scales of force, time, and social organization in the history of sociotechnical systems. In T.J. Misa, P. Brey, A. Feenberg (eds.) Modernity and Technology (pp.185 - 225). MIT Press.

Elish, M.C., boyd, d. (2018) Situating methods in the magic of big data and artificial intelligence. Communication Monographs, 85(1), 57 - 80. DOI: 10.1080/03637751.2017.1375130.

Epstein, D. (2013) The making of institutions of information governance: the case of the Internet Governance Forum. Journal of Information Technology, 28(2), 137 - 149.

Epstein, D., Katzenbach, C. and Musiani, F. (2016) Doing internet governance:

practices, controversies, infrastructures, and institutions. Internet Policy Review, 5(3) DOI: 10.14763/2016.3.435.

Epstein, S. (2008) Culture and Science/Technology: Rethinking Knowledge, Power, Materiality, and Nature. The ANNALS of the American Academy of Political and Social Science, 619(1) (September 2008), 165 - 182. https://doi.org/10.1177/0002716208319832.

Ess, C.M. (2014) Digital Media Ethics. Polity Press.

Eubanks, V. (2018) Automating Inequality: How High-Tech Tools Profile, Police and Punish the Poor. St. Martin's Press.

Eurobarometer 76 (2011). https://ec.europa.eu/commfrontoffice/publicopinion/archives/eb/eb76/eb76_media_en.pdf.

Eurobarometer 92 (2019). https://op.europa.eu/en/publication-detail/-/publication/c2fb9fad-db78-11ea-adf7-01aa75ed71a1/language-en.

European Commission: see separate list of Policy Documents below.

European Data Protection Supervisor (EDPS) (2015) Towards a New Digital Ethics Data Dignity and Technology.

European Data Protection Supervisor (EDPS) Ethics Advisory Group (2018) Towards a Digital Ethics.

Financial Stability Board (2017) Artificial intelligence and machine learning in financial services: Market developments and financial stability implications. https://www.fsb.org/wp-content/uploads/P011117.pdf.

Fjeld, J., Hilligoss, H., Achten, N., Daniel, M.L., Feldman, J., Kagay, S. (2019) Principled artificial intelligence: A map of ethical and rights-based approaches. https://ai-hr.cyber.harvard.edu/primp-viz.html.

Flanagan, M., Howe, D.C., Nissenbaum, H. (2008) Embodying values in technology theory and practice. In J. van den Hoven, J. Weckert (eds.), Information Technology and Moral Philosophy (pp.322 - 353). Cambridge University Press.

Floridi, L. (1999) Philosophy and Computing: An Introduction. Routledge.

Floridi, L. (2013) The Ethics of Information. Oxford University Press.

Floridi, L., Cowls, J., Beltrametti, M., Chatila, R., Chazerand, P., Dignum, V., Luetge, C., Madelin, R., Pagallo, U., Rossi, F., Schafer, B., Valcke, P., and Vayena, E. (2018) AI4People White Paper: Twenty Recommendations for an Ethical Framework for a Good AI Society. Minds and Machines, December 2018.

Flyverbom, M. (2011) The Power of Networks Organizing the Global Politics of the Internet. Edward Elgar.

Flyverbom, M. (2019) The Digital Prism: Transparency and Managed Visibilities in a Datafied World. Cambridge University Press.

Foucault, M. (2018) Discipline and Punish: The Birth of the Prison. Translated by Alan Sheridan. In T. Monahan, D. M. Wood, Surveillance Studies A Reader (pp.36 – 42). Oxford University Press. (Originally published in French, 1975).

Franklin, M. (2019) Human Rights Futures for the Internet. In B. Wagner, M. Kettemann, K. Vieth (eds.) Research handbook on human rights and digital technology: global politics, law and international rights. Edward Elgar.

Franklin, R. W. (1998) The Poems of Emily Dickinson. The Belknap Press of Harvard University Press.

Friedman, B. (1996) Value-sensitive design. ACM Interactions, 3(6), 17 – 23.

Friedman, B., Kahn, P. H., Jr., and Borning, A. (2006) Value sensitive design and information systems. In P. Zhang, D. Galletta (eds.), Human-computer interaction in management information systems: Foundations, M. E. Sharpe (pp.348 – 372).

Friedman, B., Hendry, G. (2019) Value Sensitive Design Shaping Technology with Moral Imagination. MIT Press.

Friedman, B., Nissenbaum, H. (1995) Minimizing bias in computer systems. In Conference companion of CHI 1995 conference on human factors in computing systems (p.444). ACM Press.

Friedman, B., Nissenbaum, H. (1996) Bias in Computer Systems. ACM Transactions on Information Systems, 14(3), 330 – 347.

Friedman, B., Nissenbaum, H. (1997) Software agents and user autonomy. In Proceedings of first international conference on autonomous agents (pp.466 – 469) ACM Press.

Frischmann, B., Selinger, E. (2018) Re-Engineering Humanity, Cambridge University Press.

Frohmann, B. (2007) Foucault, Deleuze, and the ethics of digital networks. In R. Capurro, J. Frühbauer, T. Hausmanninger (eds.), Localizing the Internet. Ethical Aspects in Intercultural Perspective (pp.57 – 68). Fink.

Galic，M.，Timan，T.，Koops，B-J.（2017）Bentham. Deleuze and Beyond：An Overview of Surveillance Theories from the Panopticon to Participation. Philosophy and Technology 30（1），pp.9 - 37.

Gill，E.（13 August 2020）"I am expected to just live with these unfair grades" Student's open letter to the government as she slams A-level results system. Manchester Evening News. https：//www. manchestereveningnews. co. uk/ news/greater-manchester-news/a-level-results-unfair-downgraded - 18764743.

Gill，T.G.（1995）Early Expert Systems：Where Are They Now? MIS Quarterly，19(1)（March 1995），51. https：//doi.org/10.2307/249711.

Gilpin，L.H.，Bau，D.，Yuan，B.Z.，Bajwa，A.，Specter，M.，Kagal，L.（2018）Explaining Explanations：An Overview of Interpretability of Machine Learning. 2018 IEEE 5th International Conference on Data Science and Advanced Analytics（DSAA）.

Gilroy，P.（2012）There ain't no black in the Union Jack：the cultural politics of race and nation. Routledge.（Originally published in 1987）.

Gilroy，P.（2012）British Cultural Studies and the Pitfalls of Identity. In M.G. Durham，D.M. Kellner（eds.）Media and Cultural Studies Keyworks（Second edition）（pp.337 - 347）. Wiley Blackwell.（Originally published in 1996）.

Gray，D.E.（2013）Doing research in the real world. Sage.

Haggerty，K.D.，Ericson，R. V.（2000）The surveillance assemblage. British Journal of Sociology，51(4)，605 - 622.

Hall，S.（1980）Encoding/Decoding. In S. Hall，D. Hobson，A. Lowe，P. Willis（eds.）Culture，Media，Language Working Papers in Cultural Studies，1972 - 1979，Hutchinson 118 - 127. An edited extract from S. Hall，"Encoding and Decoding in the Television Discourse"，cccs stencilled paper no. 7.（Birmingham：Centre for Contemporary Cultural Studies，1973）.

Hall，S.（1994）Cultural Identity and Diaspora. In P. Williams，L. Chrisman（eds.）Colonial Discourse and Post-Colonial Theory A Reader（pp. 222 - 237）. Routledge.（Originally published in 1990）.

Hall，S.（1997）The Work of Representation. In Representation：Cultural Representations and Signifying Practices. Sage Publications.

Harvey，D.（1990）The Condition of Postmodernity：An Enquiry into the Origins of Cultural Change. Basil Blackwell.

Harvey, P., Jensen, C.B., Morita, A. (eds.) (2017) Infrastructures and Social Complexity: A Companion. Routledge.

Harraway, D. J. (2016) The Cyborg Manifesto. In Manifestly Haraway, University of Minnesota Press. (Originally published in 1985).

Hasselbalch, G. (2010) Privacy and Jurisdiction in the Global Network Society. https://mediamocracy.files.wordpress.com/2010/05/privacy-and-jurisdiction-in-the-network-society.pdf.

Hasselbalch, G. (2013) The Three Momentous Stages of Online Privacy. www. mediamocracy.org. https://mediamocracy.org/2013/08/01/the-three-momentous-stages-of-online-privacy-part-of-my-introduction-to-the-privacy-as-innovation-session-at-the-internet-governance-forum-bali – 2013 – with-references/.

Hasselbalch, G. (2013, B) Privacy is the latest digital media business model (English translation of op ed in Politiken, August 2013) https://mediamocracy.org/2013/08/23/data-ethics-the-new-competitive-advantage/.

Hasselbalch, G. (2014) Language, Power and Privacy. www.mediamocracy.org. https://mediamocracy.org/2014/08/26/language-power-and-privacy-talk-at-the-indie-tech-summit-brighton-july – 2014/.

Hasselbalch, G. (2015) Society of the Destiny Machine and the Algorithmic God (s), www.mediamocracy.org. https://mediamocracy.org/2015/05/14/society-of-the-destiny-machine-and-the-algorithmic-god-s/.

Hasselbalch, G. (2018) Let's Talk about AI. AI Alliance Forum. Reposted on Linkedin.https://www.linkedin.com/pulse/lets-talk-ai-gry-hasselbalch/.

Hasselbalch, G. (2019) Making sense of data ethics. The powers behind the data ethics debate in European policymaking. Internet Policy Review, 8(2).

Hasselbalch, G. (2020) Culture by Design: A Data Interest Analysis of the European AI Policy Agenda. First Monday, 25(12)/(7 December 2020). https://dx.doi.org/10. 5210/fm.v25i12.10861.

Hasselbalch, G. (2021) A framework for a data interest analysis of artificial intelligence. First Monday, 26(7) (5 July 2021) doi: http://dx.doi.org/10. 5210/fm.v26i7.11091.

Hasselbalch, G., Jørgensen, R.F. (2015) Youth, privacy and online media: Framing the right to privacy in public policy-making. First Monday, 20(3) https://doi.org/10. 5210/fm.v20i3.5568.

Hasselbalch, G., Olsen, B.K., Tranberg, P. (2020) White Paper on Data Ethics

in Public Procurement. DataEthics. eu. https://dataethics. eu/wp-content/
uploads/dataethics-whitepaper-april-2020.pdf.

Hasselbalch，G.，Tranberg，P.（2016）Data Ethics：The New Competitive
Advantage，Publishare.

Hasselbalch，G.，Tranberg，P.（27 September 2016）Personal Data Stores Want
to Give Individuals Power Over Their Data. DataEthics. eu. https://
dataethics. eu/personal-data-stores-will-give-individual-power-their-data/.

Hasselbalch，G.，Tranberg，P.（26 December 2016）Privacy is still alive and
kicking in the digital age，TechCrunch. https://techcrunch. com/2016/12/
25/privacy-is-still-alive-and-kicking-in-the-digital-age/.

Hasselbalch，G.，Tranberg，P.（20 May 2020）Contact Tracing Apps are Not
Just a Privacy Tech Issue. It's a Question about Power. DataEthics. eu.
https://dataethics. eu/contact-tracing-apps-are-not-just-a-privacy-tech-issue-
its-a-question-of-power/ Havens，J. C.（2016）Heartificial Intelligence-
Embracing Our Humanity to Maximize Machines，Penguin Random House.

Hayes，B.（2012）The Surveillance-Industrial Complex. In K. Ball，K. D.
Haggerty，D. Lyon（eds.）Routledge Handbook of Surveillance Studies.
Routledge.

Heremobility（2020）Barcelona Smart City：By the People，for the People.
https:// mobility. here. com/learn/smart-city-initiatives/barcelona-smart-
city-people-people.

Hern，A.（14 August 2020）Do the maths：why England's A-level grading
system is unfair. The Guardian. https://www. theguardian. com/education/
2020/aug/14/do-the-maths-why-englands-a-level-grading-system-is-unfair.

Hern，A.（21 August 2020）Ofqual's A-level algorithm：why did it fail to make
the grade? The Guardian. https://www. theguardian. com/education/2020/
aug/21/ofqual-exams-algorithm-why-did-it-fail-make-grade-a-levels.

Hildebrant，M.（2016）Smart Technologies and the End（s）of Law. Novel
Entanglements between Law and Technology. Edward Elgar.

Hill，K.（3 August 2020）Wrongfully Accused by an Algorithm. New York
Times. https://www. nytimes. com/2020/06/24/technology/facial-recognition-
arrest.html.

HLEG：for all European Commission High-Level Expert Group documents，see
separate list below.

Hof, S. van der, Lievens, E., Milkaite, I. (2019) The protection of children's personal data in a data-driven world. A closer look at the GDPR from a children's rights perspective. In T. Liefaard, S. Rap, P. Rodrigues (eds.) Monitoring Children's Rights in the Netherlands. 30 Years of the UN Convention on the Rights of the Child. Leiden University Press.

Hoffmann, J., Katzenbach, C., Gollatz, K. (2017) Between coordination and regulation: finding the governance in Internet governance. New Media and Society, 19(9), 1406 – 1423.

Holten, E. (1 September 2014) SAMTYKKE, Friktion. https://friktionmagasin.dk/samtykke-14841780be52.

Hu, Y., Li, W., Wright, D., Aydin, O., Wilson, D., Maher, O., and Raad, M. (2019) Artificial Intelligence Approaches. In J. P. Wilson (ed.) The Geographic Information Science and Technology Body of Knowledge (3rd Quarter 2019 Edition). https://doi. org/10.22224/gistbok/2019.3.4.

Hughes, T.P. (1983) Networks of power: Electrification in Western society 1880 – 1930. The John Hopkins University Press.

Hughes, T.P. (1987) The evolution of large technological systems. In W.E. Bijker, T. P. Hughes, T. Pinch (eds.) The social construction of technological systems (pp.51 – 82). MIT Press.

in't, Veld, S. (26 January 2017) European Privacy Platform [video file]. https://www.youtube.com/watch?v=8_5cdvGMM-U.

Jameson, F. (1991) Postmodernism, or, The cultural logic of late capitalism. Duke University Press.

Jankelevitch, V. (2005) Forgiveness. Translated by A. Kelley. University of Chicago Press. (Originally published in 1967).

Jobin, A., Lenca, M., and Vayena, E. (2019) The global landscape of AI ethics guidelines. Nat Mach Intell, 1, 389 – 399. https://doi.org/10.1038/s42256 – 019 – 0088 – 2.

Johnson, B. (11 January 2010) Privacy is no longer a social norm, says Facebook founder, The Guardian. https://www. theguardian. com/technology/2010/jan/11/facebook-privacy.

Jørgensen, R. F., Hasselbalch, G., Leth, V. (2013) FOKUSGRUPPE-UNDERSØGELSEN: UNGES PRIVATE OG OFFENTLIGE LIV PÅ SOCIALE MEDIER, Tænketanken Digitale Unge https://www.medieraadet.dk/

files/docs/2018 - 03/Rapport_Unges-private-og-offentlige-liv-paa-sociale-medier_ november - 2013.pdf.

Jørgensen, R.F. (2019) Introduction. In R.F. Jørgensen (ed.) Human Rights in the Age of Platforms. MIT Press.

Kern, S. (1983) The Culture of Time and Space 1880 - 1918. Harvard University Press.

Keymolen, E., Van der Hof, S. (2019) Can I still trust you, my dear doll? A philosoph-ical and legal exploration of smart toys and trust. Journal of Cyber Policy, 4(2), 143 - 159.

Kind, C. (23 August 2020) The term "ethical AI" is finally starting to mean something. VentureBeat. https://venturebeat.com/2020/08/23/the-term-ethical-ai-is-finally-starting-to-mean-something/.

Kitchin, R., Lauriault, T. (2014) Towards Critical Data Studies: Charting and Unpacking Data Assemblages and Their Work. Social Science Research Network.

Kowalski, R.M., Limper, S.P., Agatston, P.W. (2008) Cyber Bullying. John Wiley and Sons.

Kramer, A.D.I., Guillory, J.E., Hancock, J.T. (2014) Experimental evidence of massive-scale emotional contagion through social networks. PNAS, 111(29) (July 2014).

Krishna, R. J. (2 July 2014) Sandberg: Facebook Study Was "Poorly Communicated", Wall Street Journal. https://www.wsj.com/articles/BL-DGB - 36278.

Krzysztof, J., Gao, S., McKenzie, G., Hu, Y, Bhaduri, B. (2020) GeoAI: Spatially Explicit Artificial Intelligence Techniques for Geographic Knowledge Discovery and Beyond. International Journal of Geographical Information Science, 34(4) (2 April 2020), 625 - 636. https://doi.org/10. 1080/13658816.2019.1684500.

Kuhn, T. (1970) The Structure of Scientific Revolutions (Second edition). University Chicago Press.

Lakoff, G., Johnsson, M. (1980) Metaphors We Live By. The University of Chicago Press.

Lapenta, F. (2011) Geomedia: on location-based media, the changing status of collective image production and the emergence of social navigation systems.

Visual Studies，26（1），14–24．https：//doi．org/10．1080/1472586X．2011．548485．

Lapenta，F．（2017）Using technology-oriented scenario analysis for innovation research in Research Methods in Service Innovation．In F．Sørensen，F．Lapenta（eds．）Research Methods in Service Innovation．Edgar Allen．

Lapenta，F．（2021）Science Technology and Data Diplomacy for Our Common AI Future．A Geopolitical Analysis and Road Map for AI Driven Sustainable Development．In Finance，Education，Work，Healthcare，for Peace and the Planet．

Larkin，B．（2013）The Politics and Poetics of Infrastructure．The Annual Review of Anthropology 42，327–743．

Larson，J．，Mattu，S．，Kirchner，L．，Angwin，J．（2016）How We Analyzed the COMPAS Recidivism Algorithm．ProPublica．https：//www．propublica．org/article/how-we-analyzed-the-compas-recidivism-algorithm．

Latonero，M．（2018）Governing Artificial Intelligence：upholding human rights and dignity．Data and Society．

Latour，B．（1992）Where are the missing masses? The sociology of a few mundane artifacts．In W．E．Bijker and J．Law（eds．）Shaping technology/building society：Studies in sociotechnical change（pp.225–258）．MIT Press．

Latour，B．，Venn，C．（2002）Morality and Technology．Theory，Culture and Society，19(5–6)（1 December 2002），247–60．https：//doi.org/10.1177/026327602761899246．

Lecher，C．（25 April 2019）How Amazon automatically tracks and fires warehouse workers for "productivity"．The Verge．https：//www．theverge．com/2019/4/25/18516004/amazon-warehouse-fulfillment-centers-productivity-firing-terminations．

Lefebvre，A．（2013）Human Rights as a Way of Life：On Bergson's Political Philosophy．Stanford University Press．

Lefebvre，H．（1992）The Production of Space．English translation by D．Nicholson-Smith．Basil Blackwell Ltd．（Originally published in French，1974）．

Lehr，D．，Ohm，P．（2017）Playing with the Data：What Legal Scholars Should Learn About Machine Learning，UCDL Review 51，653–717．

Lessig，L. (2006) Code version 2.0. Basic Books.

Levin，S. (8 September 2016) A beauty contest was judged by AI and the robots didn't like dark skin. The Guardian. https：//www. theguardian. com/technology/2016/sep/08/artificial-intelligence-beauty-contest-doesnt-like-black-people.

Levin，S. (29 March，2019) "Bias deep inside the code"：the problem with AI "ethics" in Silicon Valley. The Guardian. https：//www. theguardian. com/technology/2019/mar/28/big-tech-ai-ethics-boards-prejudice.

Lieber，R. (11 April 2014) Financial Advice for People Who Aren't Rich. The New York Times. https：//www. nytimes. com/2014/04/12/your-money/start-ups-offer-financial-advice-to-people-who-arent-rich.html.

Lin，T.C.W. (2014) The New Financial Industry. Alabama Law Review 65，567，Temple University Legal Studies Research Paper No. 2014 - 11.

Lohr，S. (1 February 2013) The Origins of Big Data：An Etymological DetectiveStory. New York Times. https：//bits.blogs.nytimes.com/2013/02/01/the-origins-of-big-data-an-etymological-detectivestory/? mtrref ＝ www. google. com&-gwh ＝ DC6348FBE0A56CB5C7D9B1A6A287C0E1&-gwt ＝ pay&-assetType＝REGIWALL.

Lunau，K. (14 October 2013) Google's Ray Kurzweil on the quest to live forever. Maclean's. https：//www. macleans. ca/society/life/how-nanobots-will-help-the-immune-system-and-why-well-be-much-smarter-thanks-to-machines - 2/.

Lynsky，D. (9 October 2019) "Alexa, are you invading my privacy?" — the dark side of our voice assistants. The Guardian.

Lyon，D. (1994) The Electronic Eye：The Rise of Surveillance Society. University of Minnesota Press.

Lyon，D. (2001) Surveillance Society Monitoring Everyday Life. Open University Press.

Lyon，D. (2007) Surveillance Studies：An Overview. Polity Press.

Lyon，D. (2010) Liquid surveillance：The contribution of Zygmunt Bauman to surveil-lance studies. International Political Sociology，4 (4)，325 - 338. https：//doi.org/10.1111/j.1749-5687.2010.00109.

Lyon，D. (2014) Surveillance after Snowden. Polity Press.

Lyon，D. (2014) Surveillance, Snowden, and Big Data：Capacities, consequences, critique. Big Data and Society. July - December 2014，1 - 13.

Lyon, D. (2018) The Culture of Surveillance. Polity Press.

Maedche, A., Legner, C., Benlian, A. et al. (2019) AI-Based Digital Assistants. Bus Inf Syst Eng 61, 535 – 544.

Mai, J-E. (2019) Situating Personal Information: Privacy in the Algorithmic Age. In R. F. Jørgensen (ed.) Human Rights in the Age of Platforms (pp. 95 – 116). MIT Press.

Marcu, B-I. (29 April 2021) Eurodac: Biometrics, Facial Recognition, and the Fundamental Rights of Minors. European Law Blog. https://europeanlawblog. eu/2021/04/29/eurodac-biometrics-facial-recognition-and-the-fundamental-rights-of-minors/.

Marr, B. (25 July 2017) 28 Best Quotes about Artificial Intelligence. Forbes. https:// www. forbes. com/sites/bernardmarr/2017/07/25/28-best-quotes-about-artificial-intelligence/?sh=32fe61454a6f.

Martens, B. (2020) Some economic aspects of access to private data for use in the COVID-19 crisis. In Craglia M. (ed.) Artificial Intelligence and DigitalTransformation: Early Lessons from the COVID-19 Crisis (pp. 16 – 17). European Commission, Joint Research Centre, Publications Office. https://data.europa.eu/doi/10.2760/166278.

Martin. G. (2014) The Second World War: A Complete History. Rosetta Books. Kindle Edition. (Originally published in 1994).

May, T.C. (1992) The Crypto Anarchist Manifesto. https://www.activism.net/cypherpunk/crypto-anarchy.html.

Mayer-Schönberger, V., Cukier, K. (2013) Big data: A revolution that will transform how we live, work and think. John Murray.

Mashey, J. R. (1999) Big Data and the Next Wave of InfraStress Problems, Solutions, Opportunities. 1999 Usenix Annual Technical Conference, June 6 – 11, Monterey, CA. https://static. usenix. org/event/usenix99/invited_talks/mashey.pdf.

Mattioli, G. (26 February 2019) What caused the Genoa bridge collapse – and the end of an Italian national myth? The Guardian. https://www. theguardian. com/cities/2019/feb/26/what-caused-the-genoa-morandi-bridge-collapse-and-the-end-of-an-italian-national-myth.

McLeod, J. (14 August 2020) Quietly waiting in the background of the pandemic, AI is about to become a big part of our lives. Financial Post.

（ https：//financialpost. com/technology/quietly-waiting-in-the-background-of-the-pandemic-ai-is-about-to-become-a-big-part-of-our-lives/wcm/ 7d9e3d34 - e890 - 4725 - a4a8 - 6ac9b5920dc4/）.

McRobbie，A. (2000) Feminism and youth culture. Second edition. Macmillan.

Mehrabi，N.，Morstatter，F.，Saxena，N.，Lerman，K.，Galstyan，A. (2019) A Survey on Bias and Fairness in Machine Learning. ArXiv：1908.09635 ［Cs］, 17 September 2019. http：//arxiv.org/abs/1908.09635.

Menzies，T.，Pecheur，C. (2005) Verification and Validation and Artificial Intelligence. Advances in Computers，65，153 - 201.

Merz，F. (2019) Europe and the global AI race. CSS analyses in security policy, no. 247.

Metzinger，T. (8 April 2019) Ethics washing made in Europe. Der Tagesspiegel.

Meyrowitz，J. (1985) No Sense of Place：The Impact of the Electronic Media on Social Behavior. Oxford University Press.

Misa，T.J. (1988) How Machines Make History，and How Historians (And Others) Help Them to Do So. Science，Technology，and Human Values，13 (3/4) (Summer - Autumn，1988)，308 - 331.

Misa，T.J. (1992) Theories of Technological Change：Parameters and Purposes. Science，Technology，and Human Values，17(1) (Winter，1992)，3 - 12.

Misa，T. J. (2009) Findings follow framings：navigating the empirical turn. Synthese，168，357 - 375.

Mittelstadt，B.D. (2017) From Individual to Group Privacy in Big Data Analytics. Philosophy and Technology，30(4) (1 December 2017)，475 - 494. https：// doi.org/10.1007/s13347 - 017 - 0253 - 7.

Mittelstadt，B.D.，Allo，P.，Taddeo，M.，Wachter，S.，Floridi，L. (2016) The Ethics of Algorithms：Mapping the Debate. Big Data and Society，July - December 2016，1 - 21.

Moor，J.H. (1985) What is computer ethics? Metaphilosophy，16(4)，266 - 275.

Moor，J. (2006) The Dartmouth College Artificial Intelligence Conference：The Next Fifty Years. AI Magazine，27(4)，87 - 91.

Mueller，M.L. (2010) Networks and States：The Global Politics of Internet Governance. Edited by E.J. Wilson. MIT Press.

Mytton，D. (2020) Hiding greenhouse gas emissions in the cloud. Nature Climate Change，10(701). https：//doi.org/10.1038/s41558 - 020 - 0837 - 6.

Nelius, J. (4 September 2020) Amazon's Alexa for Landlords Is a Privacy Nightmare Waiting to Happen. Gizmodo. https://gizmodo. com/amazons-alexa-for-landlords-is-a-privacy-nightmare-wait - 1844943607.

Nemitz, P. (26 January 2017) European Privacy Platform https://www.youtube. com/ watch?v=8_5cdvGMM-U.

Nemitz, P. (2018) Constitutional democracy and technology in the age of artificial intelligence. Philosophical Transactions of the Royal Society A, 376 (2133). http:// dx.doi.org/10.1098/rsta.2018.0089.

Nissenbaum, H. (2010) Privacy in Context: Technology, Policy and the Integrity of Social Life. Stanford University Press.

Noble, S.U. (2018) Algorithms of Oppression: How Search Engines Reinforce Racism. NYU Press.

Noble, S.U. (2018) Critical Surveillance Literacy in Social Media: Interrogating Black Death and Dying Online. In: Close-Up: Black Images Matter. Black Camera: An International Film Journal, 9(2) (Spring 2018), 147 - 160. doi: 10.2979/ blackcamera.9.2.10.

O'Neil, C. (2016) Weapons of math destruction. How Big Data Increases Inequality and Threatens Democracy. Penguin Random House UK.

Orchard, A. (1997) Dictionary of Norse Myth and Legend. Cassell.

Pasquale, F.A. (2013) The Credit Scoring Conundrum. University of Maryland Legal Studies Research Paper No. 2013 - 45.

Pasquale, F. A. (2015) The black box society — The secret algorithms that control money and information. Harvard University Press.

Pasquale, F.A. (2018) A Rule of Persons, Not Machines: The Limits of Legal Automation. University of Maryland Legal Studies Research Paper No. 20018 - 08.

Pasquale, F. (2020) New Laws of Robotics: Defending Human Expertise in the Age of AI. Harvard University Press.

Pickering, A. (ed.) (1992) Science as Practice and Culture. The University of Chicago Press.

Poikola, A., Kuikkaniemi, K., and Honko, H. (2018) Mydata — A Nordic Model for humancentered personal data management and processing. Open Knowledge Finland. https://www. lvm. fi/documents/20181/859937/ MyData-nordicmodel/2e9b4eb0-68d7-463b-9460-821493449a63?version=1.0.

Powles, J. (2015 - 2018) Julia Powles [Profile]. The Guardian. https://www.theguardian.com/profile/julia-powles.

Puschmann, C., Burgess, J. (2014) Metaphors of Big Data. International Journal of Communication 8 (2014), 1690 - 1709.

Rainey, S., Goujon, P. (2011) Toward a Normative Ethical Governance of Technology. Contextual Pragmatism and Ethical Governance. In R. von Schomberg (ed.) Towards Responsible Research and Innovation in the Information and Communication Technologies and Security Technologies Fields (pp.48 - 70). European Commission.

Ratner, G., Gad, C. (2019) Data warehousing organization: Infrastructural experimentation with educational governance. Organization, 26(4), 537 - 552.

Reidenberg, J. R. (1997) Lex Informatica: The formulation of information policy rules through technology. Texas Law Review, 43, 553 - 593.

Reeves, M. (2017) Infrastructural Hope: Anticipating "Independent Roads" and Territorial Integrity in Southern Kyrgyzstan. Ethnos, 82(4), 711 - 737.

Rheault, L., Rayment, E. and Musulan, A. (2019) Politicians in the line of fire: Incivility and the treatment of women on social media. Research and Politics (January - March 2019), 1 - 7. https://doi-org.ep.fjernadgang.kb.dk/10.1177/2053168018816228.

Richards, N.M., King, J.H. (2014) Big Data Ethics. 49 Wake Forest Law Review, 49, 39.

Rønn, K.V., Søe, S.O. (2019) Is social media intelligence private? Privacy in public and the nature of social media intelligence. Intelligence and National Security, 34(3), 362 - 378. DOI: 10.1080/02684527.2019.1553701.

Rorty, R. (1999) Ethics without Principles. In R. Rorty, Philosophy and Social Hope (pp.72 - 92). Penguin Books.

Rosenberg, M., Confessore, N., Cadwalladr, C. (17 March 2018) How Trump Consultants Exploited the Facebook Data of Millions. New York Times. https:// www.nytimes.com/2018/03/17/us/politics/cambridge-analytica-trump-campaign.html.

Schneier, B. (6 March 2006) The Future of Privacy. Schneier on Security. https://www.schneier.com/blog/archives/2006/03/the_future_of_p.html.

Schultz, M. (March 3, 2016) Technological totalitarianism, politics and democracy.

https://www.youtube.com/watch?v=We5DylG4szM.

Scoles, S. (31 July 2019) It's Sentient. The Verge. https://www.theverge.com/ 2019/7/31/20746926/sentient-national-reconnaissance-office-spy-satellites-artificial-intelligence-ai.

Searle, J.R. (1980) Minds, brains, and programs. Behavioral and Brain Sciences, 3(3), 417-457.

Searle, J.R. (1997) The Mystery of Consciousness. The New York Review of Books.

Seville, H., Field, D.G. (2011) What Can AI Do for Ethics? In M. Anderson, S. L. Anderson (eds.) Machine Ethics (pp.499-511). Cambridge University Press.

Shapiro, S.P. (2005) Agency theory. Annual Review of Sociology, 31(1), 263-284.

Shilton, K. (2015) Anticipatory Ethics for a Future Internet: Analyzing Values During the Design of an Internet Infrastructure. Science and Engineering Ethics, 21(1) (February 2015), 1-18. https://doi.org/10.1007/s11948-013-9510-z.

Simonite, T. (26 October 2020) How an Algorithm Blocked Kidney Transplants to Black Patients. Wired. https://www.wired.com/story/how-algorithm-blocked-kidney-transplants-black-patients/.

Smith, B.C. (2019) The Promise of Artificial Intelligence Reckoning and Judgment. MIT Press.

Smuha, N.A. (2019) The EU approach to ethics guidelines for trustworthy artificial intelligence. Computer Law Review International, 20(4), pp.97-106.

Smuha, N.A. (2020) Beyond a Human Rights-based approach to AI Governance: Promise, Pitfalls, Plea. http://dx.doi.org/10.2139/ssrn.3543112.

Solove, D. (2001) Privacy and Power: Computer Databases and Metaphors for Information Privacy. Stanford Law Review, 53(1393).

Solove, D. (2002) Conceptualizing Privacy. California Law Review, 90(4), 1087-1155. doi:10.2307/3481326.

Solove, D. (2008) Understanding Privacy. Harvard University Press.

Solove, D. J. (2006) A Taxonomy of Privacy. University of Pennsylvania Law Review, 154(3), 477. GWU Law School Public Law Research Paper No.129.

Spiekermann, S., Hampson P., Ess, C. M., Hoff, J., Coeckelbergh, M., Franckis, G. (2017) The Ghost of Transhumanism and the Sentience of Existence. Retrieved from The Privacy Surgeon. http://privacysurgeon.org/blog/wp-content/uploads/2017/07/Human-manifesto_26_short - 1.pdf.

Spielkamp, M. (ed.) (2019) Automating Society Taking Stock of Automated Decision-Making in the EU. AlgorithmWatch. https://algorithmwatch.org/wp-content/uploads/2019/02/Automating_Society_Report_2019.pdf.

Spillman, L., Strand, M. (2013) Interest-oriented action. Annual Review of Sociology, 39(1), 85 - 104.

Star, L.S. (1999) The Ethography of Infrastructure, The American Behavioral Scientist, Nov/Dec 1999; 43(3), 377 - 392.

Star, S.L., Bowker, G.C. (2006) How to Infrastructure? In L.A. Lievrouw and S. Livingstone (eds.) Handbook of New Media. Social Shaping and Social Consequences of ICTs (pp. 230 - 245). Updated student edition. SAGE Publications Ltd.

Stoddart, E. (2012) A surveillance of care: Evaluating surveillance ethically. In K. Ball, K. Haggerty, D. Lyon (eds.) Routledge Handbook of Surveillance Studies (pp.369 - 376). Routledge.

Strubell, E., Ganesh, A., McCallum, A. (2019) Energy and Policy Considerations for Deep Learning in NLP, arXiv:1906.02243.

Stupp, C. (6 April 2018) Cambridge Analytica harvested 2.7 million Facebook users' data in the EU. Euractiv. https://www.euractiv.com/section/data-protection/news/cambridge-analytica-harvested-2-7-million-facebook-users-data-in-the-eu/.

Surur (22 April 2018) Microsoft's AI used to identify potential school drop outs. MsPoweruser. https://mspoweruser.com/microsofts-ai-sed-to-uidentify-potential-school-drop-outs/.

Sweeney, L. (2013) Discrimination in Online Ad Delivery, acm queue, 11(3).

The Guardian (1 November 2013) NSA Prism program slides. https://www.theguardian.com/world/interactive/2013/nov/01/prism-slides-nsa-document.

The Guardian (2018) The Cambridge Analytica Files. https://www.theguardian.com/ news/series/cambridge-analytica-files.

The Shift Project (2019) Lean ICT - Towards Digital Sobriety. https://theshiftproject. org/wp-content/uploads/2019/03/Lean-ICT-Report _ The-

Shift-Project_2019.pdf.

Thompson, E. (1979) The making of the English working class. Penguin Books. (Originally published 1963).

Thorpe, B. (1907) (trans.) The Elder Edda of Saemund Sigfusson, and the Younger Edda of Snorre Sturleson. Norroena Society.

Tigard, D.W. (2020) There Is No Techno-Responsibility Gap. Philosophy and Technology, 9 July 2020. https://doi.org/10.1007/s13347-020-00414-7.

Tisne, M. (2020) The Data Delusion: Protecting Individual Data Isn't Enough When the Harm is Collective. Stanford Policy Center.

Topham, G. (25 September 2015) Volkswagen scandal – seven days that rocked the German carmaker. The Guardian. https://www.theguardian.com/business/2015/sep/25/vw-emissions-scandal-seven-days.

Tranberg, P., Heuer, S. (2013) Fake It: Your Guide to Digital Self Defence. People's Press.

Turing, A. (2004) Computing Machinery and Intelligence. In J.B. Copeland (ed.) The Essential Turing: The Ideas that Gave Birth to the Computer Age. Clarendon Press.

Turkle, S. (1997) Life on the Screen Identity in the Age of the Internet. Touchstone.

UK Government (2018) Digital Charter. https://www.gov.uk/government/publications/digital-charter/digital-charter.

Umbrello, S. (2019) Beneficial Artificial Intelligence Coordination by Means of a Value Sensitive Design Approach. Big Data and Cognitive Computing, 3(1), 5. MDPI AG.

Umbrello, S. (2020) Mapping Value Sensitive Design onto AI for Social Good Principles. Preprint.

Umbrello, S., De Bellis, A.F. (2018) A Value-Sensitive Design Approach to Intelligent Agents. In R.V. Yampolskiy (ed.) Artificial Intelligence Safety and Security (pp.395-410). CRC Press: Boca Raton.

Umbrello, S., Yampolskiy, R.V. (2020) Designing AI for Explainability and Verifiability: A Value Sensitive Design Approach to Avoid Artificial Stupidity in Autonomous Vehicles. Preprint.

Vallor, S. (2016) Technology and the Virtues. Oxford University Press.

Valtysson, B. (2017) Regulating the Void: Online Participatory Cultures, User-

Generated Content，and the Digital Agenda for Europe. In P. Meil，V. Kirov （eds.） Policy Implications of Virtual Work （pp. 83 – 107）. Springer International Publishing. https：//doi.org/10.1007/978 – 3 – 319 – 52057 – 5_4.

van Wynsberghe，A. （2021） Sustainable AI：AI for sustainability and the sustainability of AI. AI Ethics. https：//doi. org/10. 1007/s43681 – 021 – 00043 – 6.

van Wynsberghe，A.，Robbins，S. （2019） Critiquing the Reasons for Making Artificial Moral Agents. Science and Engineering Ethics （2019） 25，719 – 735. https：//doi.org/10.1007/s11948 – 018 – 0030 – 8.

Vasse'i，R. M. （2019） The Ethical Guidelines for Trustworthy AI — A Procrastination of Effective Law Enforcement. CRi5/2019.

Veale，M. （2019） A Critical Take on the Policy Recommendations of the EU High-Level Expert Group on Artificial Intelligence. European Journal of Risk Regulation. Preprint. Faculty of Laws University College London Law Research Paper，No.8，2019.

Veliz，C. （2020） Privacy is Power：Why and How You Should Take Back Control of Your Data. Bantam Press.

Vesnic-Alujevic，L.，Pignatelli F. （2020） Privacy，democracy and the public sphere in the age of COVID-19. In M. Craglia （ed.） Artificial Intelligence and Digital Transformation：Early Lessons from the COVID 19 Crisis （pp.24 – 26）. European Commission，Joint Research Centre，Publications Office. https：//data.europa.eu/doi/10.2760/166278.

Vestager，M. （9 September 2016） Making Data Work for Us. https：//ec.europa.eu/ commission/commissioners/2014-2019/vestager/announcements/making-data-work-us_en Video available at https：//vimeo.com/183481796.

Vinge，V. （2001） True Names：And the Opening of the Cyberspace Frontier. In J. Frenkel （ed.） A Tor Book. Tom Doherty Associates. （Originally Published in 1981）.

von der Leyen，U. （2019） A Union that strives for more. My agenda for Europe：Political guidelines for the next European Commission 2019 – 2024. https：// ec. europa. eu/commission/sites/beta-political/files/political-guidelines-next-commission_en.pdf.

Wachter，S. （2019） Data Protection in the Age of Big Data. Nature Electronics，2 （1） （1 January），6 – 7. https：//doi.org/10.1038/s41928-018-0193-y.

Wachter, S., Mittelstadt, B., Floridi, L. (2017) Why a Right to Explanation of Automated Decision-Making Does Not Exist in the General Data Protection Regulation. International Data Privacy Law 7(2), 76 - 99.

Wagner, B. (2018). Ethics as an escape from regulation: from ethics-washing to ethics-shopping? In M. Hildebrandt (Ed.), Being Profiling. Cogitas Ergo Sum. Amsterdam: Amsterdam University Press. Retrieved from https://www.privacylab.at/wp-content/uploads/2018/07/Ben_Wagner_Ethics-as-an-Escape-from-Regulation_2018_BW9.pdf.

Wagner, B., Kettemann, M., and Vieth, K. (2019) Introduction. In B. Wagner et al. (eds.) Research handbook on human rights and digital technology: global politics, law and international rights. Edward Elgar.

Wahl, T. (10 September 2019) EU Creates New Central Database for Convicted Third Country Nationals. Eucrim. https://eucrim.eu/news/eu-creates-new-central-database-convicted-third-country-nationals/.

Warman, M. (8 February 2012) EU Privacy regulations subject to "unprecedented lobbying". The Telegraph. https://www.telegraph.co.uk/technology/news/9070019/EU-Privacy-regulations-subject-to-unprecedented-lobbying.html.

Watson, S. M. (n.d.) "Data is the new ..." Dis Magazine. http://dismagazine.com/blog/73298/sara-m-watson-metaphors-of-big-data/.

Webster, F. (2014) Theories of the Information Society. 4th edition. Routledge.

WHO (2018) Big data and artificial intelligence for achieving universal health coverage: an international consultation on ethics. https://apps.who.int/iris/bitstream/ handle/10665/275417/WHO-HMM-IER-REK - 2018. 2 - eng. pdf?ua=1.

Wiener, N. (2013) Cybernetics or, Control and Communication in the Animal and the Machine. Second edition. Martino Publishing. (Originally published 1948).

Wikipedia (2020) List of data breaches. Wikipedia. https://en.wikipedia.org/wiki/List _of_data_breaches.

Williams, R. (1993) Culture is ordinary. In A. Gray and J. McGuigan (eds.) Studying culture an introductory reader. Edward Arnold. (Originally published 1958).

Williams, R. (24 June 2020) I was wrongfully arrested because of facial recognition. Why are police allowed to use it? The Washington Post. https://www. washingtonpost. com/opinions/2020/06/24/i-was-wrongfully-arrested-because-facial-recognition-why-are-police-allowed-use-this-technology/.

Winfield，A.F.T.，Jirotka，M. (2018) Ethical governance is essential to building trust in robotics and artificial intelligence systems. Philosophical Transactions of the Royal Society A：Mathematical，Physical and Engineering Sciences，376(2133).

Winfield，A.F. T. (28 June 2019) Energy and Exploitation：AIs dirty secrets. Alan Winfield's weblog.

Winner，L. (1980) Do artifacts have politics? Daedalus，109(1)，121 – 136.

Winner，L. (1986) The Whale and the Reactor，A Search for Limits in an Age of High Technology. Second Edition. The University of Chicago Press.

Woolgar，S. (1987) Reconstructing Man and Machine：A Note on Sociological Critiques of Cognitivism. In W. E.，Bijker，T. P. Hughes，T. Pinch (eds.) The social construction of technological systems (pp.311 – 328). MIT Press.

Xu，J.，et al. (2021) Stigma，Discrimination，and Hate Crimes in Chinese-Speaking World Amid Covid-19 Pandemic. Asian Journal of Criminology，16，51 – 74. https://doi-org. ep. fjernadgang. kb. dk/10. 1007/s11417 – 020 – 09339 – 8.

Zanzotto，F. M. (2019) Viewpoint：Human-in-the-loop Artificial Intelligence. Journal of Artificial Intelligence Research 64，243 – 252.

Zarsky，T. (2017) Incompatible：The GDPR in the Age of Big Data. Seton Hall Law Review，47(4/2)，2017.

Zuboff，S. (5 March 2016) The secrets of surveillance capitalism. Frankfurter Allgemeine. http://www. faz. net/aktuell/feuilleton/debatten/the-digital-debate/shoshana-zuboff-secrets-of-surveillance-capitalism – 14103616.html.

Zuboff，S. (9 September 2014) A digital declaration. Frankfurter Allgemeine. http://www. faz. net/aktuell/feuilleton/debatten/the-digital-debate/shoshan-zuboff-on-big-data-as-surveillance-capitalism – 13152525.html.

Zuboff，S. (2019) The Age of Surveillance Capitalism：The Fight for a Human Future at the New Frontier of Power. Profile Books.

High-Level Expert Group on AI Documents

High-Level Expert Group on Artificial Intelligence (HLEG A) (2019) Ethics Guidelines for Trustworthy AI. https://ec. europa. eu/digital-single-market/

en/news/ethicsguidelines-trustworthy-ai.

High-Level Expert Group on Artificial Intelligence (HLEG B) (2019) Policy and investment recommendations for Trustworthy AI. https://ec. europa. eu/digital-single-market/en/news/policyand-Investment-recommendations-trustworthy-artificial-intelligence.

High-Level Expert Group on Artificial Intelligence (HLEG C) (2019) A Definition of AI: Main Capabilities and Disciplines. https://ec. europa. eu/futurium/en/ai-alliance-consultation.

High-Level Expert Group on Artificial Intelligence (HLEG D) (2018) Draft Ethics Guidelines for Trustworthy AI. Working document, 18 December 2018. https://ec. europa. eu/digital-single-market/en/news/draft-ethics-guidelines-trustworthy-ai.

High-Level Expert Group on Artificial Intelligence (HLEG E) (2018) "Minutes of the first meeting" (27 June). Register of Commission Expert Groups and Other Similar Entities.

Policy Documents

CEPEJ (2018) European Ethical Charter on the Use of Artificial Intelligence in Judicial Systems and their environment, by the European Commission for the Efficiency of Justice (CEPEJ) of the Council of Europe. Adopted at the 31st plenary meeting of the CEPEJ (Strasbourg, 3 – 4 December 2018).

Council of Europe (1997) Convention for the Protection of Human Rights and Dignity of the Human Being with regard to the Application of Biology and Medicine: Convention on Human Rights and Biomedicine. European Treaty Series-No. 164, Oviedo, 4.IV.1997. https://www.coe.int/en/web/conventions/full-list/-/conventions/treaty/164.

Data Ethics Expert Group (2018) Data for the Benefit of the People Recommendations from the Danish Expert Group on Data Ethics. https://dataetiskraad. dk/sites/default/files/2020-02/Recommendations%20from%20the%20Danish%20Expert%20Group%20on%20Data%20Ethics.pdf.

European Commission A (2020) Trans-European Transport Network (TEN-T) https:// ec.europa.eu/transport/themes/infrastructure_en.

European Commission B (2020) Infrastructure and Investment. https://ec. europa.eu/transport/themes/infrastructure_en.

European Commission C（2019）The Connecting Europe Facility Five Years Supporting European Infrastructure. https：//ec. europa. eu/inea/sites/inea/ files/cefpub/cef _implementation_brochure_2019. pdf.

European Commission D（2010）A Digital Agenda for Europe. COM（2010）245 final，Brussels，19. 5. 2010. https：//eur-lex. europa. eu/LexUriServ/LexUriServ. do? uri ＝COM：2010：0245：FIN：EN：PDF.

European Commission E（2015）A Digital Single Market Strategy for Europe. COM（2015）192 final，Brussels，6.5.2015. https：//eur-lex. europa. eu/legal-content/ EN/TXT/? uri＝COM％3A2015％3A192％3AFIN.

European Commission F（2016）Digitising European Industry：Reaping the full benefits of a Digital Single Market. COM（2016）180 final，Brussels，19. 4. 2016. https：//eur-lex. europa. eu/legal-content/EN/TXT/? uri ＝ CELEX： 52016DC0180.

European Commission G （2016） European Cloud Initiative — Building a competitive data and knowledge economy in Europe. COM（2016）178 final， Brussels，19. 4. 2016. https：//ec. europa. eu/digital-single-market/en/news/ communication-european-cloud-initiative-building-competitive-data-and-knowledge-economy-europe.

European Commission H（2020）A European strategy for data. COM （2020）66 final，Brussels，19. 2. 2020. https：//ec. europa. eu/info/sites/info/files/ communication-european-strategy-data-19feb2020_en. pdf.

European Commission I （2020） On Artificial Intelligence — A European approach to excellence and trust. COM（2020）65 final，Brussels，19.2.2020. https：//ec. europa. eu/ info/sites/info/files/commission-white-paper-artificial-intelligence-feb2020_en. pdf.

European Commission J（9 March 2018）Call for a High-Level Expert Group on Artificial Intelligence. https：//ec. europa. eu/digital-single-market/en/news/ call-high-level-expert-group-artificial-intelligence.

European Commission K（2018）Artificial intelligence for Europe（25 April），at https：//ec. europa. eu/digital-single-market/en/news/communication-artificial-intelligence-europe.

European Commission L （2018） Declaration of cooperation on artificial intelligence. https：//ec. europa. eu/digital-single-market/en/artificial-intelligence ♯Declaration-of-cooperation-on-Artificial-Intelligence.

European Commission M (2018) Coordinated plan on artificial intelligence "made in Europe" (7 December) https://ec. europa. eu/commission/presscorner/detail/ro/memo _18_6690.

European Commission N (2019) Building trust in human-centric artificial intelligence (9 April) https://ec. europa. eu/digital-single-market/en/news/communication-building-trust-human-centric-artificial-intelligence.

European Commission O (2021) Proposal for a Regulation of the European Parliament and of the Council, laying down harmonised rules on artificial intelligence (Artificial Intelligence Act) and amending certain Union Legislative Acts. https://digital-strategy. ec. europa. eu/en/library/proposal-regulation-laying-down-harmonised-rules-artificial-intelligence.

European Parliament (16 February 2017) European Parliament resolution of 16 February 2017 with recommendations to the Commission on Civil Law Rules on Robotics. [2015/2103(INL)].

European Parliament (12 February 2019) A comprehensive European industrial policy on artificial intelligence and robotics. Strasbourg. https://www. europarl.europa.eu/ doceo/document/TA-8-2019-0081_EN.html.

OECD (22 May 2019) Principles on Artificial Intelligence. In OECD Council Recommendation on Artificial Intelligence, OECD/LEGAL/0449, 22. 05. 2019. https://legalinstruments. oecd. org/en/instruments/OECD-LEGAL – 0449.

Regulation (EU) 2016/679 of the European Parliament and of the Council of 27 April 2016 on the protection of natural persons with regard to the processing of personal data and on the free movement of such data, and repealing Directive 95/46/ EC (General Data Protection Regulation). https://rm.coe. int/ethical-charter-en-for-publication-4-december-2018/16808f699c.

UN (2013) 68/167 The right to privacy in the digital age. Resolution adopted by the General Assembly on 18 December 2013.

World Summit on the Information Society (2013) Basic Information: About WSIS. https://www.itu.int/net/wsis/basic/about.html.

索　引

作者简介

格里·哈塞尔巴赫(Gry Hasselbalch),作家兼学者,拥有伦敦大学戈德史密斯学院的传播和文化研究硕士学位与哥本哈根大学的数据伦理学博士学位。研究领域为大数据和人工智能的社会伦理影响。近 20 年来,格里主要从事技术政治、伦理与数字人权等方面的研究与写作,倡导对人工智能和数据采取人本主义方法,并强调这种方法在应对这些技术带来的挑战方面的关键作用。她多次被各种国际机构与政府任命为业界专家,曾先后任职于欧洲研究理事会及丹麦政府的第一个数据伦理专家委员会,并曾担任欧盟人工智能高级别专家组成员。目前,她在欧盟人工智能的人本方法倡议(InTouchAI.eu)的国际推广组织当中担任研究负责人与高级专家。

在数据伦理方面,2015 年她与其他人共同创立了智库 DataEthics. eu,目前担任该智库的研究总监,负责智库学术活动组织与运作。2021 年,她在波恩大学科学与伦理研究所的可持续人工智能实验室共同提出了《数据污染与权力倡议》。

在青年对网络技术的使用方面,她是 30 个欧盟国家泛欧国家中心网络 Insafe 中青少年网络保护和赋权领域的主要推动者。此前,她活跃于世界各地的联合国互联网治理论坛(IGF),并在 2013 年互联网治理论坛上创建了全球隐私创新网络。

目前,格里已经就大数据和人工智能的伦理与权力机制出版了一系列文章、报告与书籍,并多次受邀在全球范围内就这些主题进行主旨演讲和汇报。2016 年,《数据伦理——新的竞争优势》(由她与川博格合著)一书以丹麦语和英语出版,这是最早针对大数据商业实践及其广泛的社会和伦理影响进行描述的专著之一。2021 年,她发表的《权力的数据伦理学——大数据与人工智能时代的人本方法新解》(也就是本书)一书由爱德华·埃尔加出版社出版,提供了数据和人工智能伦理治理方法发展的历史概述,以及研究其权力动态的框架,广受学界和读者好评。

译后记

初读本书，我们就被这个"佶屈聱牙"的书名所深深吸引。虽然乍一看不知所云，却又发人深省：第一，数据有什么伦理？如果有，它跟数据隐私又有什么区别？第二，数据又跟权力有什么关联呢？第三，我们为什么需要权力的数据伦理学？第四，人本方法与我们熟知的以人为中心的方法有区别吗？如果有，人本方法指的是什么？带着上述问题，我们开始针对本书进行认真研读与翻译工作，试图在反复阅读当中找到上述问题的答案。于是怀揣着对于人工智能本身所蕴含的人文社会属性的热爱，我们开始这场翻译之旅。

可以说，翻译的过程就是一个拨开云雾的启智过程。所谓拨开云雾，就是把自己的知识体系外延由未知变为已知的过程。对于专业术语的陌生、对于学科背景的欠缺、对于哲学脉络的陌生，凡此种种，皆为所求。实际上，诸如此类的疑问似乎都在读者兼译者的意料之中：作者通过一次次地引经据典、一次次地案例分析、一次次地重述表达，深入浅出地为读者和译者勾勒出人工智能与大数据在权力的数据伦理学领域的历史沿革、哲学渊源、学术探讨、技术变革、政策背景以及发展前景。得益于此，我们这些"门外汉"起初对于书中所涉猎的专业性内容的畏惧感很快转化为对这一前沿学科的强烈兴趣，并被作者在该技术领域不忘人本主义思考的追求与精神深深折服。

本书作者探讨话题的前沿性对于译者而言也是一种挑战，尤其是在专业术语的界定方面，尤其需要译者下功夫、细琢磨。比如，

"actor"一词是翻译为"行动者"合适,还是翻译为"主体"更为恰当;"AI agent"一词是翻译为"人工智能代理"合适,还是翻译为"人工智能能动者"更为恰当;"civil society"一词是翻译为"公民社会"(用于强调所有公民的普遍权利)合适,还是翻译为"民间社团"更为恰当,等等,不一而足,这些都需要译者权衡利弊,达成一致。最让人挠头的就是全书题目的翻译:如果没有阅读全文去直接翻译,看似符合翻译的忠实原则,但却让人不知所云。但在纵览全书之后,先用译名就是顺理成章的事情。当然,书中还涉及诸多法律条款,同样需要我们精确定位其出处,进而实现精准翻译。全书共7章(含导论),由我本人与王晓将(南京大学英语系博士生)合作译成。其中,我负责前三章的初译工作,王晓将负责后四章的初译工作,最后由我本人统稿润色。特别感谢同济大学杜严勇教授的信任,同时感谢上海交通大学出版社崔霞老师与蔡丹丹老师提供的诸多指导与帮助。杜老师的信任让我们有勇气严格要求自己,认真推进翻译工作;两位编辑老师的帮助让我们有信心顺利完成这个并不轻松的任务。有好书读,有贵人助,方能成事。对此,我们心存感激!

近年来,人工智能和大数据在全球范围内蓬勃发展,大有"一夫当关万夫莫开"之势,尤其是2023年3月ChatGPT等具备创造能力的生成式人工智能的发布,一时之间在科技界乃至整个社会激起了千层波澜。人们纷纷开始关注甚至开始使用ChatGPT等生成式人工智能,试图尽最大可能探索人工智能的潜在应用场景:文本生成、图片生成、表格生成等诸多领域。当我们热衷于人工智能给我们带来的诸多便利之时,却对本书作者早在2021年就提出的人工智能伦理担忧全然不知,并且乐在其中。如果不是在2021年有幸接触到杜严勇教授主持的国家社科基金重大项目"人工智能伦理风险防范研究"(项目编号:20&ZD041),并且有幸参与其中,作为人工智能的服务对象我们可能对于其背后的伦理问题了无知觉。我们可曾思考:这些人工智能何以获得如此海量的数据来进行数据训练?人工智能背后的公司在获取数据时是否征得了用户的授权？我们在应用这些人工智能时个人数据是否得到了充分保护？数据是存储在本地设备还是存储在云端？人工智能是否会对公私领域带来伦理影响？如果有，它们是如何预防这些潜在伦理影响的？还有最关键的一点，人工智能有一天是否会全面超越人类，甚至像《终结者》电影中所预测的那样取代人类文明？事实上，国内大多数普通民众，甚至是一些企业家和科学工作者仍停留在书中所说的"数据作为资源"的阶段，认为隐私因素会阻碍人工智能的发展，享受数据带来的红利与保护个人隐私不相兼容，而对数据中嵌入的文化与利益及其伦理影响与解决方案的探索更是鲜有提及。与西方世界相比，国内在这一方面似乎还任重道远，这也正是杜严勇教授所主持的这个国家社科基金重大项目的意义所在。

在译者看来，我们需要沿着欧洲人本主义的哲学路径，针对人工智能研发应用当中的人类能动性进行深入的人文社会维度思考，并在政策法规、科学研究、商业应用、民间使用等多个人工智能研用领域纳入人类的伦理能动性。我们深信，随着多卷本"人工智能伦理译丛"的出版，社会各界对于人工智能这种"无中生有"的新鲜事物认识会更加真切。同时，人工智能的伦理学反思也可以看作是对《般若波罗蜜多心经》当中"空即是色，色即是空"的一种注脚——人工智能来自虚无缥缈的网络世界，但却实实在在地影响着我们的日常生活，所以需要承担起相应的伦理责任；与此同时，人工智能在时空场域的微观、中观与宏观视角给我们带来了诸多影响，纷繁万象统统可以归结为一种变动不居的无常与无我之相，因此所有一切无须挂碍，只求对得起自我的良知良能，珍视自己为人的直觉与良心。

如果让我们用一句话总结本书的翻译过程与体悟，那就是——珍视翻译"无中生有"的责任使命，坚持"有就是无"的无碍初心。

毛延生　王晓将

2023 年